酷科学 解读生命密码
KU KEXUE JIEDU SHENGMING MIMA

史前生命之谜破译

王 建◎主编

时代出版传媒股份有限公司
安徽美术出版社
全国百佳图书出版单位

图书在版编目（CIP）数据

史前生命之谜破译/王建主编. —合肥：安徽美术出版社，
2013.1（2021.11重印）（酷科学. 解读生命密码）
ISBN 978－7－5398－4274－5

Ⅰ.①史… Ⅱ.①王… Ⅲ.①古生物学－青年读物
②古生物学－少年读物 Ⅳ.①Q91－49

中国版本图书馆 CIP 数据核字（2013）第 044129 号

酷科学·解读生命密码
史前生命之谜破译
王建 主编

出 版 人：王训海
责任编辑：张婷婷
责任校对：倪雯莹
封面设计：三棵树设计工作组
版式设计：李　超
责任印制：缪振光
出版发行：时代出版传媒股份有限公司
　　　　　安徽美术出版社（http://www.ahmscbs.com）
地　　址：合肥市政务文化新区翡翠路 1118 号出版传媒广场 14 层
邮　　编：230071
销售热线：0551－63533604　0551－63533690
印　　制：河北省三河市人民印务有限公司
开　　本：787mm×1092mm　　1/16　印 张：14
版　　次：2013 年 4 月第 1 版　　2021 年 11 月第 3 次印刷
书　　号：ISBN 978－7－5398－4274－5
定　　价：42.00 元

1859年11月，达尔文的名著《物种起源》出版。书中第一次放弃了上帝创造生命的观点，开创了生物演化史上的新纪元。进化论认为，生物进化是物竞天择和渐变的过程，物种的细微变化经过长时间积累，就会导致新的物种出现。达尔文进化论的提出，是人类思想史上划时代的大事，极大地促进了欧洲的思想解放，使人们的世界观发生了根本性的变化。它不仅丰富、发展了生物学本身，也使生物学成为一门综合性的学科获得了新的发展方向。

生命起源的问题，是现代自然科学尚未完全解决的重大问题，也是人们关注和争论的焦点。但随着科技的发展、认识的不断深入和各种不同证据的发现，人们对生命起源的问题有了更深入的研究。科学家指出，在地球诞生最初的20亿年里，地球大气层没有氧气，但是当含氧光合作用在地球上出现后，就很可能孕育形成生命体。

本书从多角度探讨了生命的形成及演化过程，揭示了生命从低级向高级，从简单到复杂的进化规律。其中包括对海洋动物、陆地动物、鸟类和人类的史前生命探索。内容包含了地球原始生命的诞生、海洋生物的形成、两栖动物的进化、陆地爬行动物和天空鸟类的出现、哺乳动物的先祖、人类的进化及史前植物家族等。这一链条基本涵盖了地球上的生物界。本书以通俗的语言和多幅配图，清晰地描述了生物进化发展的各个阶段，十分易于理解。本书集知识性、故事性、趣味性于一体，是不可多得的一本关于生命起源之书。

对生命起源的探索不仅有利于深入了解自然的奥秘，了解生命的奥秘，而且对于推动自然科学的发展，也会起到积极的作用。

C ONTENTS

地球的"管家"

史前植物家族

生命之初

　　地球在宇宙中形成以后，开始是没有生命的，生命是怎样诞生的呢？从古至今，有很多说法来解释生命起源的问题。如西方的神造说，我国的盘古开天地说等。但直到19世纪，伴随着达尔文《物种起源》一书的问世，生物科学发生了前所未有的大变革，同时也为人类揭示生命起源这一千古之谜带来了一丝曙光。

　　在我国古代的春秋时代，老子在《道德经》里曾写到，道生一，一生二，二生三，三生万物。用现在的话说，就是地球上的生命是由少到多，慢慢演化而来的。它们有一个共同的祖先，这个祖先就是一，而这个一是什么呢？现在也没有确切的答案。生命起源是一个现代自然科学尚未完全解决的重大问题，也是人们关注和争论的焦点。但随着科学认知的不断深入和各种不同证据的发现，人们对生命起源的问题有了更深入的研究。

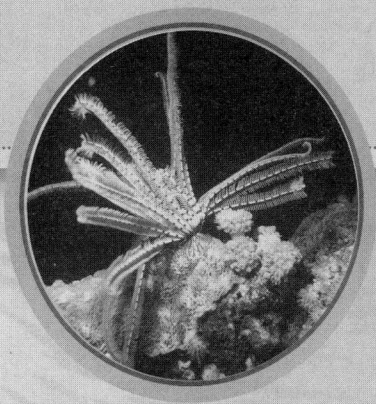

生命起源的自然发生说

生命起源的自然发生说几乎与神创论有着同样古老的历史。自然发生说是 19 世纪前广泛流行的理论。这种学说认为，生命是从无生命物质自然发生的。例如，蛙可以从泥中长出，蛆虫可从腐肉中生出。从古希腊亚里士多德到近代的哈维、牛顿等大学者都坚信这一点。我国古代也有"腐草化萤""腐肉生蛆""白石化羊"等说法。

在科学极其不发达的时代，人们根据"亲眼所见"得出"自生论"是很自然的。这显然是不科学的，但它在反对宗教的上帝造物思

法国微生物学家巴斯德

想中，曾起过积极作用。

法国微生物学家巴斯德的实验才最后否定了自然发生说。路易斯·巴斯德（1821—1895），法国微生物学家、化学家，近代微生物学的奠基人。

巴斯德根据他的发酵研究认为，生物不可能在肉汤或其他有机物中自然发生，否则灭菌、菌种选育等就都是无意义的了。巴斯德做了一系列实验，证明微生物只能来自微生物，

拓展阅读

腐草化萤

古人认为，腐草能化为萤火虫。据《礼记·月令》篇："季夏之月……腐草为萤。"又《格物论》说："萤是从腐草和烂竹根而化生。"其实萤火虫在夏季多就水草产卵，幼虫入土化蛹，次年春变成虫。古人误以为萤火虫是由腐草本身变化而成的。这就是"腐草为萤"的由来。

而不能来自无生命的物质。他做的一个最令人信服、然而却是十分简单的实验是"鹅颈瓶实验"。他将营养液（如肉汤）装入带有弯曲细管的瓶中，弯管是开口的，空气可无阻地进入瓶中，而空气中的微生物则被阻滞而沉积于弯管底部，不能进入瓶中。巴斯德将瓶中液体煮沸，使液体中的微生物全被杀死，然后放冷静置，结果瓶中不发生微生物。此时如将曲颈管打断，使外界空气不经"沉淀处理"而直接进入营养液中，不久营养液中就出现微生物了。可见微生物不是从营养液中自然发生的，而是来自空气中原已存在的微生物（孢子）。这个实验现在看来十分一般，也很简单。但它首次证明微生物不是自然发生的。巴斯德据此否认地球上最初的生物是从非生命物质发展来的可能性，并断言生物只能由同类生物产生。

知识小链接

微生物

　　微生物，是包括细菌、病毒、真菌以及一些小型的原生动物、显微藻类等在内的一大类生物群体。微生物个体微小，却与人类生活关系密切。微生物涵盖了有益有害的众多种类，广泛涉及健康、食品、医药、工农业、环保等诸多领域。目前世界上已知最小的微生物是支原体，过去也译成"霉形体"，它是一类介于细菌和病毒之间的单细胞微生物。

◘▶ 生命起源的化学起源说

　　化学起源说是被广大学者普遍接受的生命起源假说。这一假说认为，地球上的生命是在地球温度逐步下降以后，在极其漫长的时间内，由非生命物质经过极其复杂的化学过程一步一步地演变而成的。化学起源说将生命的起源分为四个阶段。

这一学说的代表是美国科学家米勒的实验。他在实验过程中，把生命起源的四个阶段十分生动地展现在了人们面前。

米勒在他的实验中假设在生命起源之初大气层中只有氢气、氨气和水蒸气等物，并没有氧气等，当他把这些气体放入模拟的大气层中并通电引爆后，发现其中产生了蛋白质，而蛋白质是生命存在的形式。因此他认为生命是从无到有的理论将可确立了，也证明生命是进化而来的。

第一个阶段，从无机小分子生成有机小分子的阶段。即生命起源的化学进化过程是在原始的地球条件下进行的。需要着重指出的是米勒的模拟实验。在这个实验中，一个盛有水溶液的烧瓶代表原始的海洋，其上部球形空间里含有氢气、氨气、甲烷和水蒸气等"还原性大气"。他先给烧瓶加热，使水蒸气在管中循环，接着他通过两个电极放电产生电火花，模拟闪电，以激发密封装置中的不同气体发生化学反应，而球形空间下部连通的冷凝管让反应后的产物和水蒸气冷却形成液体，又流回底部的烧瓶，即模拟降雨的过程。经过一周持续不断的实验和循环之后，米勒分析其化学成分时发现，其中含有包括5种氨基酸和不同有机酸在内的各种新的有机化合物，同时还形成了氰氢酸。氰氢酸可以合成腺嘌呤，腺嘌呤是组成核苷酸的基本单位。米勒的实验试图向人们证实，生命起源的第一步，从无机小分子物质形成有机小分子物质，在原始地球的条件下是完全可能实现的。

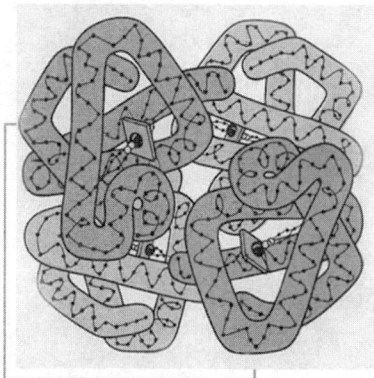

蛋白质示意图

第二个阶段，从有机小分子物质生成生物大分子物质。这一过程是在原始海洋中发生的，即氨基酸、核苷酸等有机小分子物质，经过长期积累，相互作用，在适当条件下（如黏土的吸附作用），通过缩合作用或聚合作用形成了原始的蛋白质分子和核酸分子。

第三个阶段，从生物大分子物质组成

多分子体系。这一过程是怎样形成的呢？前苏联学者奥巴林提出了团聚体假说，他通过实验表明，将蛋白质、多肽、核酸和多糖等放在合适的溶液中，它们能自动地浓缩聚集为分散的球状小滴，这些小滴就是团聚体。奥巴林等人认为，团聚体可以表现出合成、分解、生长、生殖等生命现象。例如，团聚体具有类似于膜那样的边界，其内部的化学特征显著地区别于

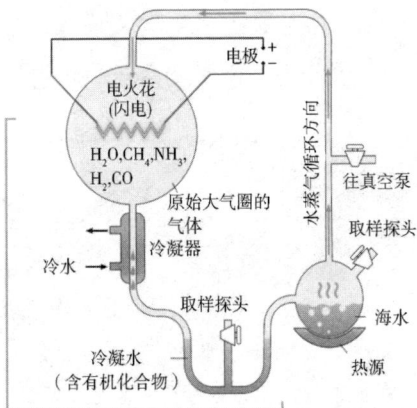

米勒的实验

外部的溶液环境。团聚体能从外部溶液中吸入某些分子作为反应物，还能在酶的催化作用下发生特定的生化反应，反应的产物也能从团聚体中释放出去。另外，有的学者还提出了微球体和脂球体等假说，以解释有机高分子物质形成多分子体系的过程。

第四个阶段，有机多分子体系演变为原始生命。这一阶段是在原始的海洋中形成的，是生命起源过程中最复杂和最有决定意义的阶段。

你知道吗

氨基酸

氨基酸指含有氨基和羧基的一类有机化合物的通称。氨基酸是生物功能大分子蛋白质的基本组成单位，是构成动物营养所需蛋白质的基本物质，是含有一个碱性氨基和一个酸性羧基的有机化合物。氨基连在 α-碳上的为 α-氨基酸。天然氨基酸均为 α-氨基酸。

但米勒的实验也有很多的疑点，例如所使用的能量大小，不同气体的配合等虽然都产生了氨基酸、糖类等物质，但仍不能证明这就是生命的起源。因为他所假设的大气层不能证明是原始的大气层，所得的结果就是不确定的。米勒本身也承认他的实验与自然界生命起源相距仍很遥远。现代科学发现在火星上有氧气存

在却没有生命，那么米勒假设大气层中没有氧气存在故没有生命之说就不成立，因此无法证明生命起源是由单细胞进化而来的。

基本小知识

大气层

大气层又叫大气圈，地球就被这一层很厚的大气层包围着。大气层的成分主要有氮气（占 78.1%）、氧气（占 20.9%）、氩气（占 0.93%），还有少量的二氧化碳、稀有气体（氦气、氖气、氪气、氙气、氡气）和水蒸气。大气层的空气密度随高度而减小，越高空气越稀薄。大气层的厚度大约在 1000 千米以上，但没有明显的界限。

▶ 两个实验颠覆了自然发生论

荷兰科学家列文虎克

17 世纪中期，意大利医生列迪用实验推翻了传统意义上的生命自生论，并为之设计了一个平凡又说明问题的实验，一举颠覆了司空见惯的"腐肉生蛆"的说法。那么，列迪是如何进行实验的呢？

列迪的实验说来也很简单：在盛肉的瓶口上扎以纱布，过几天肉腐烂了，却没有生出蛆来，而苍蝇排在纱布上的卵变成了蛆。他由此得出结论，蛆是苍蝇排在腐肉上的卵得来的，并不是什么神力使腐败的物质突然生出蛆来。既然连小小的蛆虫都不能自生，那么高级复杂的生物更不可能自生了。

后来，荷兰一个普通的职员列文虎克，通过自己磨制的显微镜，观察了雨水、浸液、粪便、牙秽等物质，惊异地发现显微镜下的小生命竟是原生动物，棒状呈弯曲或直线的即是杆形和弧形的细菌。他的发现使"自生论"重新活跃起来，为此，细菌代替了蛆虫，成为自然发生论争论的核心。这样，"自生论"又依附着微生物苟延残喘挣扎了近200年。

细菌既然成了"自生论"争论的中心，于是，科学家就毫不犹豫地向细菌开刀。19世纪60年代，法国微生物家巴斯德的"鹅颈瓶实验"告诉人们：肉汤不会自然发生细菌，而是细菌致使肉汤腐败，细菌是腐败的原因，而不是结果。巴斯德的实验使因果倒置的"自生论"者瞠目结舌，不知所云。

基本小知识

细　菌

细菌为原核微生物的一类，是一类形状细短，结构简单，多以二分裂方式进行繁殖的原核生物，是在自然界分布最广、个体数量最多的有机体，是大自然物质循环的主要参与者。

巴斯德的实验还向人们揭示空气里含有许多细菌和其他微生物的孢子。他抓住了使啤酒变酸的罪魁祸首——乳酸杆菌，振兴了法国的酿酒事业。他又研究了蚕病的原因，找到了蚕病的罪魁祸首——微粒子病原体，把法国的养蚕业从毁灭中拯救出来。后来，他又从事了疯狗恐水病的研究，论证了传染病的病原也是微生物。

巴斯德的实验否定了长期以来流行的生命突然发生的观点，然而否定不了

正在做实验的巴斯德

地球上最初的生命在当时自然条件下有从非生命的物质发展的可能性。所以恩格斯在肯定巴斯德的实验重要性的同时指出："巴斯德在这方面的实验是毫无结果的，对那些相信自然发生的可能性的人来说，他决不能单用这些实验来证明它的不可能性。"

列迪和巴斯德的两个实验，对于摧毁"腐肉生蛆""腐肉生菌"的"自生论"是具有决定意义的，但对于生命起源问题的解决还是于事无补的。生命是如何起源的，还得另找出路。

地球的原始生命难道源于"天外来客"

在巴斯德实验之后，一些科学家认为生命自然发生既然不再可能，那么生命就只能来自生命了。那最初的生命又是从哪里来的呢？

德国化学家李比希选择了"生命正像物质本身那样古老，那样永恒"的假定。但当时认为地球起源阶段是炽热的，怎么会有"生命胚种"存在的余地呢？于是，最后不得不把宇宙空间作为生命胚种的永久储藏地或永久栽培地，并且这种胚种一旦掉到条件适宜的地球，生命就会发展起来。在李比希看来，有了"永恒生命论"和"宇宙胚种论"，生命起源的一切争端都给解决了。

知识小链接

德国化学家李比希

全名尤斯图斯·冯·李比希，德国化学家，1803年5月出生于德国达姆施塔特，1873年4月逝世于德国慕尼黑。他最重要的贡献在于农业和生物化学，他创立了有机化学。因此被称为"化学之父"。作为大学教授，他发明了现代面向实验室的教学方法，因为这一创新，他被誉为历史上最伟大的化学教育家之一。他发现了氮对于植物营养的重要性，因此也被称为"肥料工业之父"。

宇宙生命论穿着科学的外衣，看起来好像很迷惑人，但实质上把生命起源问题转嫁给天外。不过总有一个地方出现第一个生命，它的生成仍然有待解释。

为了摆脱这样的困境，有人提出宇宙胚种是永生不死的"宇宙虫"，给上帝创造生命留下了一席之地。为此，马克思在当时就指出："我们不能容忍这种到另一天体上找答案的说法。"

19世纪末到20世纪初，"宇宙胚种论"还在生命起源问题上纠缠不休。"宇宙胚种论"要能站得住脚，至少必须满足3个条件：首先要论证宇宙间确实存在着生命；其次要解释这些生命胚种是怎么掉到地球上来的；另外，还得说明生命胚种必须活着到达地球。

现代天文学认为宇宙是无限的，而其他星系也有存在生命的可能，因此"宇宙胚种论"成立的第一个条件与科学材料并不矛盾。

至于胚种如何到达地球的问题，当时有两种解释，一个是活物陨石发生说，认为胚种以陨石为载体到达地球。可是，许多企图从陨石找到微生物胚种的试验都没有得到任何的结果。另一个是活物辐射发生说，认为胚种是通过光压作用到达地球的。这种解释颇能蛊惑人心。因为存在于其他星球上的生命胚种，能被上升气流带到包围天体大气的最高层，有时巨大的火山爆发也能参与其间。例如，在喀拉喀托火山岩浆飞到天空中之后，好多年后在大气最高层中还可以找到火山灰尘的踪迹。在这些气层中光的辐射很强，对于很轻的物体来说，光压能够克服星球对它的吸引力。一

拓展阅读

地　球

地球是太阳系从内到外的第三颗行星，也是太阳系中直径、质量和密度最大的类地行星。它也经常被称作世界。地球已有44亿～46亿岁，有一颗天然卫星月球围绕着地球以27.32天的周期旋转，而地球以近24小时的周期自转并且以一年的周期绕太阳公转。

个遭遇这种命运的生命胚种，将被光驱至星际空间，直到堕入另一行星的引力区而掉到它的表面上。瑞典化学家阿累尼乌斯还计算过，直径为 0.00015～0.0002 毫米的细菌芽孢在光的作用下，能快速地在真空中运动，离开地球 14 个月芽孢就能越出我们行星系的范围。9000 年后，它们可以到达半马人座 α。这样看来第二个条件也能通过。

关键问题是，还得看宇宙胚种能否活着经历这一艰巨的星际旅行。

星际空间的条件对胚种的考验是十分险峻的。首先，胚种得经得起接近绝对零度（−273℃）的低温考验。现在证明某些微生物孢子在温度为 −272℃ 的液态氦中毫无损伤。还有人证实轮虫类或细菌的孢子能经受得起接近绝对零度的酷寒。其次，生命胚种得忍受真空与干燥的折磨。有人把盛有细菌和细菌芽孢的真空小瓶放在液态气体中数周，发现芽孢还能生长繁殖。再次，生命胚种要能活上漫长的岁月。有人从埋在冻土层中的象鼻黏液中分离出多种微生物，因此认为在冻结条件下细菌可以保持生活能力几万年。

可惜，这些永久不死的宇宙虫不能克服最后难关。在浩瀚的宇宙空间中充满了杀伤力极强的紫外线和宇宙光的辐射，所有生命胚种在这种强辐射中一秒也不能度过，最近的星际考察实验也证实了这一点。因此，地球上目前的生命世界必然是在地球上产生的。

➤ "百家齐鸣" 说起源

人类提出"生命起源"的问题，有文字记载的历史已有几千年了。但是它孕育的时间特别长，真正作为一个健全的科学婴儿呱呱坠地还只是最近的事情。现在，生命起源和物质结构、天体演化一起被列为自然科学三大基础理论课题。从它们的发展现状来看，生命起源还仅能算作它们中的小弟弟。

生　物

　　具有动能的生命体，也是一个物体的集合，而个体生物指的是生物体。其元素包括：在自然条件下，通过化学反应生成的具有生存能力和繁殖能力的有生命的物体，以及由它通过繁殖产生的有生命的后代，包括动物、植物、微生物等。

　　生物是物质运动的高级形式，生命起源的研究就是探索地球和其他星球上死物怎样向生物转化，以及如何用人工方法重现这种转化。

　　1924 年，前苏联生物化学家奥巴林提出了一个比较系统的生命起源的假说。在假说中，他试图证明地球上最简单的有机物质——烃类原始生成的可能性。他指出这些化合物的演化必然导致形成类蛋白化合物，然后生成胶体系统，由于自然选择作用，这些胶体系统具有使自己内部结构逐渐完善化的能力。这个假说力图从自然内部寻求死物转化为生物的化学途径。它是自恩格斯提出关于生命起源的预见以后第一个科学假说，无疑对生命起源的研究有着很重要的作用。

　　以后奥巴林学派又进一步提出了"团聚体"学说，描述了生命起源的 3 个阶段：首先从无机物到简单有机物的形成；其次从简单有机物到复杂有机物的形成；最后从复杂有机物到多分子体系"团聚体"，以及从团聚体到具有新陈代谢能力的蛋白体的形成。

　　1953 年，美国科学家米勒根据奥巴林 20 世纪 20 年代提出的理

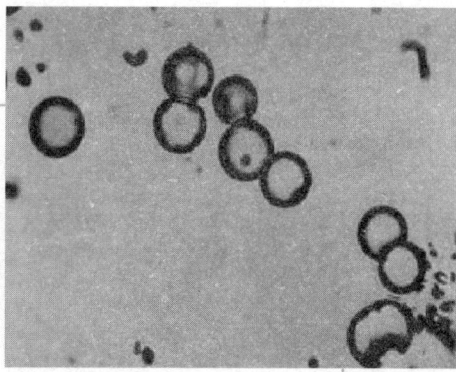

奥巴林"团聚体"

1965 年 9 月 17 日，我国首次人工合成结晶牛胰岛素

论观点，成功地模拟了原始大气条件下氨基酸产生的可能过程。从此，生命起源的研究走上了精确的科学实验道路。

此后，美国生物化学家福克斯提出生命起源的"热聚合假说"：在原始地球的高热下合成了类蛋白质，以后类蛋白质发展为生命。他还通过大量的实验把氨基酸在高热下缩合成类蛋白质，这种类蛋白质与水接触能生成各种形状的微球体。奥巴林采用天然高分子（蛋白质、核酸、酶）作原料获得了能生长、繁殖的"团聚体"。生命发展的各阶段正在逐步地得到实验的证明。

攻克"生命起源"的科学堡垒，俨然像一个庞大而艰巨的战役，已经有多种学科投入了这一战役，并且使用了现代自然科学的十八般武艺。1957 年，各国自然科学家在莫斯科召开了世界上第一次生命起源的讨论会，并于 1970 年成立了"国际生命起源问题研究协会"，吸引了越来越多的生物学家、物理学家、化学家、天文学家、地质学家加入生命起源探索的行列。他们研究生命起源的自然历程，首先是模拟实验，这是在实验室里人工模拟原始地球的条件。其次是人工合成生命物质，即采用现代化学合成方法将化学物质合成生命物质（蛋白质和核酸）。1965 年，我国科学工作者首次合成具有生物活性的牛胰岛素结晶。1970 年，美籍印度科学家柯拉纳合

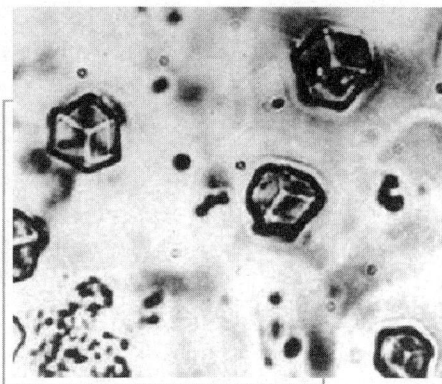

牛胰岛素结晶

成77对脱氧核糖核酸。

再就是研究由死变活的机理。这是采用自然界现存的生物材料，通过对其结构进行拆离、修改和重新组合，搞清生物结构与功能的关系，并观察怎样的重新组合才具有生命。

另外，还有其他的一些途径。例如，利用空间技术的发展，探索其他星球上生命的存在及其起源的问题；又如，通过对地球上天然的"博物馆"——生物化石的考察，研究生命是怎样起源和发展的。

在生物"兵"、物理"兵"、化学"兵"、天文"兵"、地质"兵"……协同作战的时候，各"兵种"带来了天文望远镜、射电望远镜、光谱分析仪、电子显微镜，以及各种各样精密的物理、化学仪器来攻克生命起源的科学堡垒。

多兵种作战促进了生命起源的研究，而生命起源的研究大大地推动着生物学和其他学科的发展，为人类更有效地利用自然资源、能源和解决食物来源问题提供了广阔的发展前景。它使人们可以利用生命的发生和发展规律控制生物的遗传性状，从而创造出有益的动植物和微生物新品种。生命起源的研究关系到人类对自然界的根本看法，是对物质运动相互转化更深入的认识，对于发展和丰富辩证唯物主义的宇宙观具有深远的意义。

应该指出，生命起源是科学上十分顽固的堡垒，它研究的对象是一个发生在几十亿年之前、并且在相当广阔的时空范围内由死物向生物转化的过程。鉴于这种情况，生命起源的研究必须以宇宙学、地质学等学科取得的成果作为考虑问题的背景和依据，而这些学科本身还很年轻且不成熟，所以

拓展阅读

生物的特征

生物的特征是有化合物和元素物质，化合物主要为蛋白质与核酸，其中蛋白质是生命活动的主要承担者，核酸是遗传信息的携带者，它们都是生命活动中重要的高分子物质。元素分为大量元素和微量元素，其中大量元素有C、H、O、N等，它们在生命活动中有很大作用。

生命起源这个学科也就显得更加稚嫩了。近二十年来，生命起源问题的研究取得了一些进展，但离彻底解决这个"谜"还很远很远。

知识小链接

核 酸

核酸由许多核苷酸聚合成的生物大分子化合物，为生命的最基本物质之一。核酸广泛存在于所有动植物细胞、微生物内，生物体内核酸常与蛋白质结合形成核蛋白。不同的核酸，其化学组成、核苷酸排列顺序等不同。根据化学组成不同，核酸可分为核糖核酸（简称 RNA）和脱氧核糖核酸（简称 DNA）。

◆ 生命起源的 "基石" ——大气层

身披"外衣"的地球

"不识庐山真面目，只缘身在此山中。"20 世纪 50 年代以前，在地球上生息的人谁都没有看到过地球的全貌。20 世纪 60 年代由于宇航事业的发展，人们飞离地球，在飞船上鸟瞰自己世代生息的家乡。啊，地球原来是一个美丽的蔚蓝色的圆球！数年之后，人们又飞上了月球，站在 48 万千米以外的异球他乡，遥望生育自己的故地。啊！地球外披着蔚蓝色的"外衣"，原来就是一层薄薄的云雾。

这层薄雾就是通常说的大气层，科学家称它为气圈。乍看起来，气圈空空如也，不值得一谈，其实在它中间深藏着很多奥秘。

首先，地球的大气层给我们带来了太阳的光明。清晨随着一轮红日在地球东方升起，天空显得十分明亮。可是在大气层极为稀薄的月球上，却是另一番景象。当太阳冉冉升起时，在月亮上空衬托着的是黑丝绒般的夜幕。地球、月亮同是一个太阳照耀，为什么一个光明，一个黑暗? 原因就在于有无大气层上。太阳光通过大气层到达地球时，由于大气层使阳光折射而大放光彩。然而，在月球上，因为大气稀薄，太阳光得不到折射，月空也就只能是黯然失色了。

你知道吗

大气也有质量

在地球引力作用下，大量气体聚集在地球周围，形成数千千米的大气层。气体密度随离地面高度的增加而变得愈来愈稀薄。探空火箭在 3000 千米高空仍发现有稀薄大气，有人认为，大气层的上界可能延伸到离地面 6400 千米左右。据科学家估算，大气质量约 6000 万亿吨，差不多占地球总质量的百万分之一。由于地磁场的保护作用，使得大气层在太阳风及宇宙高能射线流的刮蚀作用下得以保存。

其次，地球的大气层为生命提供了良好的热力学和生物学的环境。现代地球的大气层质量总共是 6000 万亿吨，相当于地球总质量的百万分之一。就组成大气的成分来说相当贫乏：78% 是氮，21% 是氧，1% 是氩以及微量的二氧化碳、水汽和臭氧等。它们虽然只有七八种元素，却占据了广阔的空间。它们的高度大约有 3000 千米，分了若干层次，其中最里面的两层与生命关系十分密切。

大气层示意图

拓展思考

温室效应显现

人类的活动使地球大气圈中 CO_2 含量明显增加，每年通过煤和石油的燃烧产生的 CO_2 总量为 6.2×10^9 吨，相当于现今大气圈中 CO_2 含量的 1/250。温室效应的增长，臭氧层的破坏，一系列环境生态的恶化，对人类的生存环境提出了严重的挑战。

通常所说的"天"，往往指的就是人们头顶上的、仅仅约 10 千米高度的雨雪雷电、风云变幻的"大气"。这层大气离地最近，科学家叫它对流层，因为它集中了全部大气质量的 4/5 以及绝大部分的二氧化碳和水汽，所以大气的上下对流活动剧烈，是气象的"演出舞台"。对流层对生物是至关重要的，它含氧丰富，寒暖适宜，温度得当，是一切生命形式繁荣的场所。不少学者把这个热力圈包括在生物圈内。当然这个热力圈也并不很均衡，差不多全部大气层的一半密集在海面以上五六千米范围内，再往上，空气明显稀薄了。我国境内的珠穆朗玛峰，海拔 8844.43 米，已处于对流层的边缘，那里气压很低，空中的含氧量也相应减少。

紧挨着对流层的是同温层，它是 10 千米往上到 50 千米的大气层，这里空气很少，只有大气总量的 1/5；几乎没有水汽，所以不见风雪雷电；几乎没有尘埃，所以万里无云；这里恐怕连极少数的休眠形式的生命体也难以存身，所以缺乏生气。但是这层大气并非可有可无，它对生命具有特殊的意义。因为在 15～35 千米的范围内，分布着一个臭氧层，它好像一个屏障，吸收着紫外线和各种有害的辐射，使生命圈内的生物安然无恙，不受伤害。臭氧层吸收了辐射之后，提高了同温层的温度，因此维持了生命圈的热力学环境。

然而，以上所说的还算不上是地球大气的真正卓著功绩。因为在这层奇妙的薄雾内还深藏着生命起源故事，它曾经孕育过最早的生机，它曾是化学演化的最初舞台。我们探讨生命起源的故事，必须从地球大气的来龙去脉说起。

知识小链接

电离层

电离层是地球大气的一个电离区域。60千米以上的整个地球大气层都处于部分电离或完全电离的状态，电离层是部分电离的大气区域，完全电离的大气区域称磁层。也有人把整个电离的大气称为电离层，这样就把磁层看作电离层的一部分，距地球表面100~800千米。电离层最突出的特征是当太阳光照射时，太阳光中的紫外线被该层中的氧原子大量吸收，因此温度升高，故又称暖层。散逸层在暖层之上，为带电粒子所组成。

科学事实告诉我们，地球上大气的组成成分，从诞生到现在，已经一改再改，迥异往昔了。如果粗分一下，它大致已更换了三代。

第一代大气如何形成？它的成员是谁？它的命运又怎样？

提起第一代大气的形成，就必须追溯原始地球的起源了。地球是太阳系的一员，它与太阳系同时诞生。约在50亿年前，那时的太阳系还只是一团气体和尘埃物质组成的原始星云，星云在万有引力的作用下，中间形成了巨大的发光体——原始太阳，周围形成了一扁平疏松的星云盘。它不停地围绕太阳转动，地球就是在星云盘中形成的。

那时星云盘内的物质大致与今日太阳外部的物质相同。

拓展阅读

地球是扁圆的球体

科学家经过长期的精密测量，发现地球并不是一个规则球体，而是一个两极稍扁、赤道略鼓的不规则球体。地球的赤道半径约为6378.137千米，极半径约为6356.755千米，赤道半径比极半径长21.382千米，这点差别与地球的平均半径相比，十分微小，从宇宙空间看地球，仍可将它视为一个规则球体。如果按照这个比例制作一个半径为1米的地球仪，那么赤道半径仅仅比极半径长了大约3毫米，人的肉眼是难以察觉出来的，因此在制作地球仪时总是将它做成规则球体。

它的组成物质可分为"土物质""冰物质"和"气物质"三类。土物质主要是铁、硅、镁及其氧化物；冰物质主要是碳、氮、氧及其氧化物；气物质主要是氢、氦、氖等。星云盘内大小不等的固体微粒在运动中互相碰撞，结合成大大小小的颗粒。大颗粒引力大，它能吸引小颗粒不断壮大自己，形成星子。以后大星子不断吞并小星子并逐渐地聚成行星胚胎，再由行星胚胎进一步演化发展为原始行星和原始地球。氢、氦、氖等气体物质就构成了地球的第一代大气层。

目前我们对地球第一代大气的细节所知不多，所以无法对它作深入的描述。但是第一代大气是以氢和氦为主，这一点是大多数科学家所公认的。因为这两种元素在宇宙中最普遍，而且氢和氦也是现代几个巨行星大气的主要成分。

地球上的第一代大气寿命非常短，可能只存活了几千万年。这是由于当时地球引力还很小，管不住第一代大气，因此，氢、氦、氖等分子摆脱了地球引力的羁绊，告别地球遨游太空去了。另外，太阳风的威力无穷，第一代大气也被强烈的太阳风吹得杳无踪影。有人把太阳风荡涤第一代大气的过程喻为地球的第一次扫除。口说无凭，还是拿一个证据看看。在宇宙中氖比氩的含量多 70 倍，而在地球的现代大气中氩却要比氖多 600 倍，这种现象不能单以氩比氖的原子量大来解释，所以只能拿氩与氖逃离地球的速度快慢来说明。相反，如果认为氩与氖在地球的第一次大扫除中已丧失了，现在大气中的氩几乎全部由 ^{40}K（K 有 3 个天然同位素：^{39}K、^{40}K、^{41}K，其中 ^{40}K 为具有双衰变性质的放射性同位素，可衰变为 ^{40}Ar 和 ^{40}Ca）蜕变生成。这种解释要合理得多。关于第一代大气的生灭问题，我们是否可以做以下归纳，它们在地球形成时产生，它们又在地球形成中消失。

"野火烧不尽，春风吹又生。"第一代大气消失了，第二代大气又产生了。

地球在继续旋转和积聚过程中，由于本身质量的引力收缩，以及铀、钍和钾等放射性物质的蜕变生成热，使低温度的原始地球不断增温，甚至温度超过了铁的熔点，原始地球的铁元素等就以液态形式出现。结果，使地球产生了一次空前绝后的大分化、大改组，重物质沉向内部形成地核和地幔，轻物质升向外面形成地壳。

由于原始地壳薄弱，内部温度很高，所以那时的火山爆发相当频繁，地球内部的物质分解产生大量的气体，随火山喷射冲破地壳释放出来，形成第二代大气。第二代大气又称原始大气。显然，原始大气并不原始，它是从地壳中喷出的气体，具有次生性质。

那么，从地壳中到底喷出些什么气体呢？这个问题目前还有很多争论。一般认为，原始大气不以碳、氢、氧、氮分子状态出现，而以化合物的形式存在。它们的成分大致有甲烷（CH_4）、一氧化碳（CO）、二氧化碳（CO_2）、氨（NH_3）、水汽（H_2O）、硫化氢（H_2S）、氢（H_2）、盐酸（HCl）等。原始大气中没有游离态的氧，是还原性大气。

原始大气从地壳喷出后，为什么没有逃走呢？对这个问题的回答，不同学者也是各执一词。有的认为原始大气多以化合物状态存在，分子量大，分子运动速度慢，所以不易逃逸；也有的认为地球在那时已有足够的质量可以拉住那些原始大气了。不管怎样，原始大气的命运不同于第一代大气，它们在地球上站住了脚，形成了地球的大气层，即使这样，像氢一类轻物质的逃逸也在所难免，这也无关大局。原始大气中还没有形成臭氧层，紫外线可以长驱直入，并且把部分水分子光解为氢和氧。氢照例逃走，氧分子则很快与地面上的一些岩石结合成为氧化物。如果真的是这样，天长日久，水必然会失去很多，幸好氨是紫外线辐射的强烈吸收者，由于它的存在可以抑制水的光解，防止过多水汽的丧失。同时也使原始大气在较长一个时期内保持着还原性的特点。

乍看起来，原始大气的成员名声并不

火山示意图

好，它们有的是沼气（CH_4），有的是氨气（NH_3），有的是煤气（CO），有的是碳酸气（CO_2），它们或者能使生命窒息，或者能使生命中毒。原始大气的成员从现代观点来看无非是一堆死物，但是千万不要低估这堆死物，地球上最早的生物就是由这些死物变来的。因为原始大气是发展成生命最初的原料，所以有的科学家称它们为致生分子，拿辩证唯物主义观点来看，原始大气就是生命起源的内因。从那时起，原始大气中死物开始走上化学演化的道路：以无机小分子生成有机小分子；由有机小分子形成生物大分子（如蛋白质、核酸、多糖等）；由生物大分子组成多分子体系；由多分子体系演变为原始生命，使物质不断地组织化、秩序化、复杂化。

知识小链接

光合作用

光合作用，即光能合成作用，是植物、藻类和某些细菌在可见光的照射下，经过光反应和碳反应，利用光合色素，将二氧化碳（或硫化氢）和水转化为有机物，并释放出氧气的生化过程。光合作用是一系列复杂的代谢反应的总和，是生物界赖以生存的基础，也是地球碳氧循环的重要媒介。

从化学演化到生命起源，特别是具有光合作用能力的生物出现的过程，是原始大气转化为现代大气的过渡时期。在这一过程中，地球大气不断丢失一些成分，又不断纳入一些新的成分，通过吐故纳新，原始大气为现代大气所取代。

有人计算，地球上全部植物在光合作用过程中每年可产生 1.2×10^{11} 吨的氧，而现代地球大气层中氧的总量大致为 2.8×10^{14} 吨。按这样的速度，地球上的植物在 2000～3000 年的时间内，就能形成现代大气层中的全部游离氧。很显然，光合作用改变了大气的性质，使还原性大气变成了氧化性大气，完成了原始大气向现代大气的转变。

说时容易变时难。化学演化的历程相当曲折、缓慢，它历时 15 亿～20 亿年的时间。单单具备原始大气还只是有了化学演化的内因。内因是根据，外因是条件，只有根据，没有条件，是不可能实现转化的。

👉 原始生命的前奏——分子合成

在原始地球上出现了氨基酸和核苷酸以后，它必然地向更高级物质形式转化。于是化学演化的第二个阶段，生物大分子蛋白质和核酸的自然合成开始了。

我们知道，氨基酸和核苷酸能通过连续不断的作用，分别聚合成蛋白质和核酸。已经查明，单体连接成分子的桥梁是碳原子的化学键。可是在化学演化中到底通过什么途径实现这种连接，目前还并不清楚。很可能原始地球上蛋白质与核酸的起源存在着多种途径。

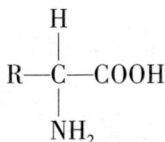

$$\overset{\displaystyle H}{\underset{\displaystyle NH_2}{R-C-COOH}}$$

氨基酸结构通式

种是干热聚合。原始地球上存在着许多火山、温泉等"热地区"，在"热地区"中，氨基酸在无水条件下，能聚合成分子量几千到几万的原始蛋白质或类蛋白，这些类蛋白质在这一步演化中具有重要的意义。有机体几乎都是含水的实体，干热环境对蛋白质起源似乎很不相宜。但是恰恰相反，干热聚合作为原始蛋白质形成的途径来说，证据却又最充分。

首先，干热聚合在热力学上是可行的。不少人认为氨基酸、核苷酸掉到原始海洋以后，它们一定如鱼得水，会自然聚合成蛋白质和核酸。其实不然，多次计算表明，在原始海洋条件下，形成大分子是困难的，因为在紫外线作用下，分解过程的速度比合成快得多。因此，要指望在原始海洋中把氨基酸和核苷酸聚合成大分子是难上加难的事情。另外，在氨基酸和核苷酸接成长链大分子时，不仅需要能量，而且每增长一个环节，都必须把一个水分子"驱逐"出去。例如，氨基酸彼此结合成肽时，也会形成水分子。同样，一个

拓展阅读

氨基酸是蛋白质的基础物质

构成蛋白质的氨基酸都是一类含有羧基并在与羧基相连的碳原子下连有氨基的有机化合物,目前自然界中尚未发现蛋白质中有氨基和羧基不连在同一个碳原子上的氨基酸。氨基酸(氨基酸食品)是蛋白质(蛋白质食品)的基本成分。

核糖和一个碱基结合时,就会形成一个水分子,而且新形成的化合物再和一个磷酸分子形成核苷酸时,又会形成一个水分子。很显然,生成大分子的这种脱水反应,要在原始海洋中进行会有很大困难,这种困难就如同一个苹果在一桶水里很难变干一样。由此可见,水在形成大分子过程中既有利又不利:它能使氨基酸、核苷酸等彼此混在一起,但是它又阻止它们连接起来。如果在合成大分子的过程中,能随时将水分子消除,那就好了。干热聚合正好能消除水分,这完全符合蛋白质合成的热力学条件。

其次,干热聚合在地质学上完全说得通。美国地质调查所在1970~1971年间指出,单在美国现在就可以找到1000多个地区,它的地表面或接近地表面温度都高于水的沸点。在现代地球上,这样的热地区比美国要多好几倍。当然在原始地球地壳还比较薄弱的条件下,这种热地区会比现在多得多。至于认为热地区必须限于在火山附近的意见,即使在现代地质条件下也站不住脚,更不要说是古代了。

再就是热聚合在实验上也获得了证明。美国科学家福克斯将各种氨基酸混在一起,

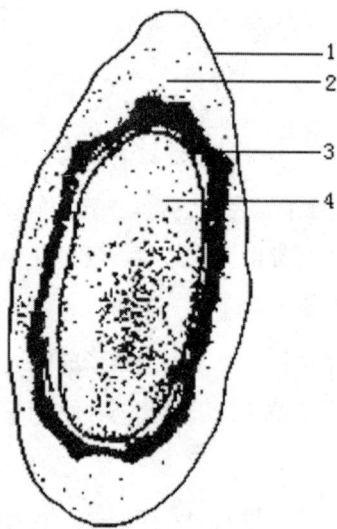

1.原细胞壁　　2.残留细胞质
3.芽孢厚壁　　4.芽孢细胞质

细菌芽孢示意图

在无水条件下，加热至 150 ~ 170℃，经过 1 ~ 2 小时就能得到类蛋白质，它的分子量可以达到 3000 ~ 20 000。假如各种氨基酸与磷酸混在一起，那么温度只需 70℃ 就可以发生聚合，用这种方法得到的聚合物由 18 种氨基酸组成，分子量也可达到数以千计。干热条件下会不会破坏蛋白质呢？化学实验告诉我们，大分子能在细胞致死的条件中生存下来。生物学的经验向我们揭示，干的细菌芽孢或者病毒，对高温和干燥有相当的抵抗力。当然原始"热地区"聚合而成的类蛋白质，有时会被干热"烤死"。有不幸者，也有幸运者，如果类蛋白质适逢及时雨，就会冷却下来，或转移到安全地带。

有比较才有鉴别。类蛋白质与现代蛋白质既有相同点，也有相异处。类蛋白也是货真价实的蛋白质，它们和蛋白质一样，都是大分子，只是类蛋白的功能没有现在蛋白质那样专一、高效，这是类蛋白的原始性表现。这样的原始性是好事，它可以成为进化和发展成今天生命体中各种各样蛋白质的始祖。

近年来，我国学者鲁子贤提出的无机板块理论，是对生物高分子在原始地球上起源后一种很好的假说。他认为，生命是地球发展到一定历史时期的必然产物，所以应该从地球上物质运动形式的发展中去考察生命物质的诞生。生物高分子的出现一开始是有序的，它的有序结构的信息来源于无机世界。他还以地球表面大量存在的硅酸盐的化学结构的与立体结构的复杂性为出发点，提出了蒙脱土作为生物高分子的无机样板设想。最近发现岩石，乃至陨石中都含有氨基酸的事实，说明了岩石对氨基酸的吸附是普遍的。因此，这提示我们可以在更宽的视野中去寻找可能扮演无机样板角色的物质。无机样板对核酸的起源同样适用，特别是核酸的碱基种类少，信息量的要求更易满足。当然生物高分子的"有信息"与无机界的"有序"具有质的不同。生物高分子样板来自无机样板，但通过自然界的选择，发展成复杂的体系，所以它又高于无机样板。无机样板说不仅在热力学上可行、地质学上讲得通，而且具有能解释生物高分子信息起源的优点。

最近还有人提出生物高分子可能起源于地球早期的潮汐池或浅海域中。他们认为在退潮和阳光作用下，原始海洋中的氨基酸和核苷酸可以在干燥沉

你知道吗

潮汐现象

潮汐是指海水在天体（主要是月球和太阳）引潮力作用下所产生的周期性运动，习惯上把海面垂直方向涨落称为潮汐，而海水在水平方向的流动称为潮流。是沿海地区的一种自然现象，古代称白天的河海涌水为"潮"，晚上的称为"汐"，合称为"潮汐"。

积的黏土上发生聚合，从而形成蛋白质和核酸。在这一过程中，古海岸的黏土起着关键的作用。这个假说也有实验依据：当含微量镍或锌等金属的黏土反复经化学溶液浸泡然后又干燥的时候，肽键和核苷酸链才开始形成。含有微量铜的黏土是最有效的氨基酸聚合剂。含有微量锌的黏土则有助于核苷酸的结合，这一点是非常重要的。在现代有机体中，具有聚合作用的脱氧核糖核酸酶也含有微量的锌。关于黏土作为聚合原始高分子的催化剂的假说，英国学者贝尔纳在1951年就提出了。他认为有机小分子像一堆钱币那样散在黏土和石英石的颗粒上，在黏土催化作用下，聚合成为更高级的有机物。这个有价值的预见，果真被后来的科学实验证实了。

水流归大海，蛋白质和核酸等生物大分子形成后纷纷进入原始海洋。至此，生命的曙光就在前头了。

地球原始生命的诞生

地球上蛋白质和核酸的出现，标志着化学演化已经进入了一个重要阶段。一个基本事实是，有了蛋白体，生命也就诞生了。生命的诞生，是地球开天辟地以来的大事件，是地球上非生命物质向生命物质转化的里程碑。

蛋白质和核酸虽然都是重要的生物大分子，但不能说是活的。只有蛋白体才称得上生命。蛋白体是一个由蛋白质和核酸组成的多分子体系，它可用自己的表面与原始海洋的水分开。但它又以开放系统的形式和环境发生相互作用。蛋白体具有两大特征，其一是它与无机界中的总倾向熵值增加相反，具有减少熵值的特性。蛋白体中分子和无机界中分子的无规则的热运动不同，它具有规则化、秩序性。蛋白体的减熵或秩序性是靠源源不断地从外界补充物质、能量、信息来维持的，或者说是靠蛋白体从环境中吃进负熵来维持的。其实这种过程用生物学的语言来表述就是蛋白体的新陈代谢，即蛋白体与环境进行物质与能量的交换。如果这种交换一旦停止，蛋白体的多分子体系从有序变为无序，熵值就会增大，蛋白体也就解体。所以说新陈代谢乃是蛋白体第一个重要的特征。蛋白体的第二个特征就是在新陈代谢的基础上自我保存、自我再生或自我繁殖的能力。

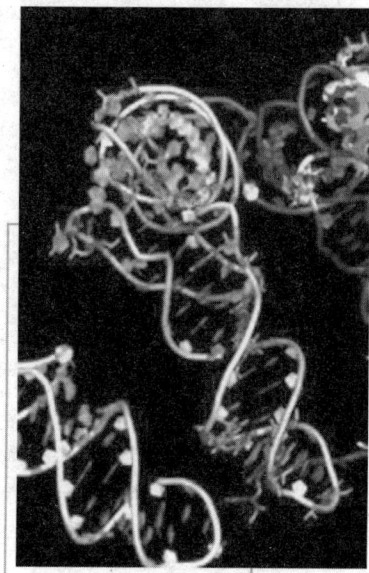

核酸示意图

　　从蛋白质和核酸到蛋白体似乎只需迈出一步，但这一步在自然发生的过程中，却是显得步履维艰。原始海洋虽然在相当长的时期内，积累了丰富的有机物，如氨基酸、核苷酸、卟啉、核酸和蛋白质等，其含量可能达到1%，但即使这样高的浓度，蛋白质和核酸的多分子体系还不能形成。那么，蛋白体到底是怎样形成的呢？关于这个问题，目前还存有不同的解释。一种是通过蒸发作用、冷冻作用或黏土的吸附作用，使蛋白质和核酸得到浓缩，在浓缩的过程中，蛋白质和核酸相互作用，建立某种关系，然后再由已形成的膜把它们包围起来，形成多分子体系。这种解释缺乏实验根据，令人难以置信。当然通过浓缩途径来加速蛋白质与核酸相互作用这一点还是可信的。另一种解释是类蛋白微球体学说，这是美国学者福克斯等提出的。他认为类蛋白在热地区聚合成功以后，遇到雨水的冲刷，进入原始水域时，会聚集成为大小一致的微球体。类蛋白变成微球体的过程，就像下汤圆那样简单。由模拟实验得到的微球体外表很像细胞，它们大小一致，具有双层结构的外膜，借以与水分开。它们还有新陈代谢的现象，而且能像酵母菌那样进行出芽繁殖，但微球体并不含有核酸。于是福克斯等认为，生命起源先形成微球体，然后微球体为核酸后来的发展提供了独特的环境。

知识小链接

奥巴林

奥巴林，前苏联生物化学家，生命起源科学假说的创始人，生于雅罗斯拉夫尔省的乌格利奇市。1929 年任莫斯科大学植物生化教授。先后研究了茶、葡萄酒、砂糖和面包生产中的化学问题。1946 年起任前苏联科学院巴赫生化研究所所长，直至逝世。1946 年起为前苏联科学院院士。

再有一种解释就是著名的团聚体学说了。根据胶体在水中凝聚成团聚体的现象，前苏联学者奥巴林提出，团聚体是生命起源最初模型的设想。奥巴林通过实验用天然蛋白质、核酸、多肽和多核苷酸溶液在一定的温度和酸度的条件下，分离出了团聚体。这种团聚体也有代谢现象，加入叶绿素还具有微弱的光合作用的能力，而且也会生长、繁殖。据此，奥巴林等认为团聚体的形成过程是最早的多分子体系形成的合理过程。有人曾在研究数百米至数千米处的海水时，用电子显微镜观察到类似团聚体的结构。

最初形成的多分子体，可以是多种多样的。这些多分子体系大多和现在的生命类型不同，有的只含有蛋白质分子，就像福克斯所制备的类蛋白微球体那样；有的是由蛋白质和类脂或者蛋白质、多糖和类脂组成的多分子体系。当然其中也有蛋白质与核酸

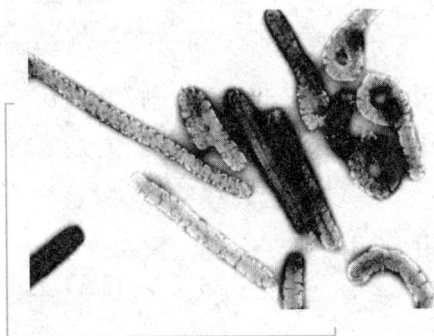

病毒样本

组成的多分子体系。最初所有这些生命类型都有发展能力，只是在以后的发展中才显示出高低来。

　　蛋白质和核酸组成的体系很像现在的病毒，也许它们的分子量可能还要比现在的病毒小些。它们应该是非细胞形态，蛋白质在外，核酸居中，很像汤圆，我们不妨称它们为原病毒。它们生活在"原始海洋"中，最初的细胞是由这类原始的、自由生活的原病毒演变成的。现今的病毒只是未变的原病毒的后裔，在细胞出现后，它们发展成了适应寄生生活的类型。按照这个假设，噬菌体该是病毒中最原始的类型。其他病毒则是随着更高寄生生物出现并由此逐渐转移演变而来。但是有不少人认为病毒是退化生物，是由细菌逐渐退化而来的；还有人认为病毒是逃逸生物，是细胞内逸出的染色体物质或核酸片段。按照这两种假设，非细胞阶段生命类型看来已绝灭，没有留下后代。

　　原始海洋中的有机物十分丰富，"居民"极为稀少。所以原始生命好像生活在水栖乐园那样，不愁"吃""喝"，自由自在。但随着各种各样的原始生命类型的形成和繁殖，原始海洋中的矛盾也就日益尖锐了。首先多分子体系大量消耗吞噬现成的有机小分子。随着有机物的减少，多分子体系之间也开始角逐。在长期自然选择过程中，蛋白质和核酸的生命类型，在它的内部多核苷酸和多肽之间出现了密码关系时，这种生命类型就能获得完善的保存信息的能力。于是，蛋白质和核酸组成的生命类型以压倒的优势战胜了其他类型的多分子体系。

　　原始生命在斗争中完善，在斗争中发展。原始生命内部的核酸和蛋白质之间最初建立的密码关系一定是很简单的。随着生命的进化，核酸分子越接越长，关于这一点可以从病毒到细菌再到高等动物的细胞中 DNA 越来越长、遗传信息越来越多得到说

噬菌体

GTGCATCTGACTCCTGAGGAGAAG
CACGTAGACTGAGGACTCCTCTTC

↓

GUGCAUCUGACUCCUGAGGAGAAG

↓ ↓ ↓ ↓ ↓ ↓ ↓ ↓

V H L T P E E K

DNA
（转录）
RNA
（翻译）
蛋白质

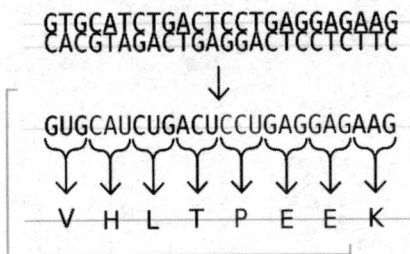

DNA、RNA 与蛋白质的密码关系

明。另外，在原始生命中，有的和现在病毒相似，它们或含有 DNA 和蛋白质，或只含 RNA 和蛋白质；有的原始生命与现在病毒不同，它们兼含 DNA 与 RNA 两种核酸和蛋白质。最初，很可能 DNA、RNA 均可与蛋白质建立密码关系，都可以指导蛋白质的合成。只是 DNA 分子具有稳定的双螺旋结构，在自然选择中它最有利充当遗传物质的角色，所以在现今的生物中，除病毒外，遗传大权都由 DNA 独揽了。

原始生命是非细胞形态，它们自己不会制造有机物，加上大气中没有氧，所以它们过着异养（吃现成）和厌氧的生活。经过长期演化，大约在距今 35 亿年前，原始生命内部结构逐渐复杂化，并且形成了细胞膜，在自己外围筑起了一道界膜。由于这层特殊结构，有效地控制了物质的进出，让养料流入，废物排出，使原始生命转化为原始细胞。"随着第一个细胞的产生，整个有机界的形态形成的基础也产生了"。我们看到的现代生物都是以细胞形态存在的，即使是非细胞形成的病毒也必须侵入细胞才能繁殖。细胞是生命的结构单元、功能单元和生殖单元，也是生命史上的一个巨大创新。

原始地球上没有游离氧，大气圈中也没有臭氧层，紫外光能长驱直入。这种条件有利于原始

你知道吗

DNA 遗传物质

1944 年 Avery 等为了寻找导致细菌转化的原因，他们发现从 S 型肺炎球菌中提取的 DNA 与 R 型肺炎球菌混合后，能使某些 R 型菌转化为 S 型菌，且转化率与 DNA 纯度呈正相关，若将 DNA 预先用 DNA 酶降解，转化就不发生。结论是：S 型菌的 DNA 将其遗传特性传给了 R 型菌，DNA 就是遗传物质。从此，核酸是遗传物质的重要地位才被确立，人们把对遗传物质的注意力从蛋白质移到了核酸上。

地球化学化，有利于有机物的积累，有利于生命的起源。生命一旦形成以后，紫外光就会杀伤生命，而且原始海洋中的有机物也会被耗尽。长此以往，厌氧、异养的原始生命的发展便要受到限制。可是天无绝"命"之路，化学演化中早已合成了叶绿素的核心卟啉环。生命具有无限的变异潜力，在厌氧的生物中发展出一种含叶绿素的蓝藻。它们利用光能进行光合作用，把无机物直接合成有机物。从此，生命自己解决了"粮食"问题。

酵母菌　草履虫　衣藻　眼虫　变形虫

单细胞动物示意图

光合作用之产物——氧，使大气圈逐渐产生了臭氧层。臭氧屏障阻止了紫外辐射，保护了生命。光合作用产生的氧，还促使还原性大气向氧化性大气转化，从而使生物由无氧酵解向有氧氧化发展，大大提高了生物能量代谢的效率。

自养生物利用光能把水、二氧化碳和铵盐合成了糖和蛋白质等有机物。异养生物通过吃自养生物又把有机物分解成水、二氧化碳和铵盐等，从此生物界出现了自养和异养、合成和分解的矛盾。由于这两对矛盾的对立统一组成了一个完整的生态系统，为以后的生命大发展开辟了崭新的道路，于是细胞出现了。

后来，随着细胞进一步的发展，细胞本身里边出现了细胞核。细胞核的主要成分是染色体，这是一种核蛋白，是核酸和蛋白质的结合物。染色体被核膜包围着，形成了细胞核，有细胞核的细胞，叫作真核细胞。现在绝大多数生物的身体都是由真核细胞所组成的。

细胞有个基本特点，它能够一分为二。一个细胞在一定条件下，能够分裂成两个子细胞。每个子细胞长大以后，又能够一分为二。这样继续不断地分裂，细胞就越来越多了。

最早的动物都是单细胞动物，分裂产生的子细胞仍旧单独生活。多细胞动物是后来才发展起来的。这就是说，在进化的过程中，某些单细胞动物的遗传性发生了变化，它们所产生的子细胞动物的遗传性也发生了变化，它们所产生的子细胞彼此不再分开，联合成细胞集团。

现在最原始的水生多细胞动物

最早的细胞集团也是很简单的，许多细胞虽然联合在一起了，仍然各自管自己的生活。慢慢的，有些简单的细胞集团起了很大变化，联合在一起的细胞逐渐分化，成为各种器官，来分担生活上的各种工作，这样，细胞之间就开始分工合作。有些细胞发展成一根管子，管子的开口就是嘴。这根管子专门消化食物，把营养物质供应给所有生活在一起的细胞。有些细胞发展成为神经。神经能将消息从这一部分传达到另一部分，好像电话线一样。后来动物长大了一些，有些细胞又发展成为血管系统，营养物质就可以通过血管输送给体内所有的细胞。因为有些细胞已经离开消化道很远，不能直接从消化道取得营养物质了。

现在还不知道这些复杂的变化经历了多少亿年。因为那些古老的动物又微小又柔软，很不容易留下化石来。不过我们已经知道，在5亿~6亿年以前，所有最重要的无脊椎动物都已发展出来了，在自然博物馆里陈列着它们的化石。

生命进行中

　　原始生命的产生，揭开了生物进化发展的新纪元。原始生命产生后，由于营养方式的不同，一部分原始生命进化为具有叶绿素的进行自养生活的原始藻类；一部分原始生命进化为没有叶绿素、靠摄取现成有机物为生的原始单细胞动物。这些原始藻类和原始单细胞动物，再各自进化成为各种各样的植物和动物。

　　这是一棵动物进化历程树。从树干基部到树梢表明了动植物进化的历程。越靠近树干基部的植物或动物，出现的时间离现在越久远、越低等；越靠近树梢的植物或动物出现的时间离现在越近、越高等。树干上有两个大的分枝，左边的表示动物的进化历程，右边的表示植物的进化历程。在每个分枝上又有许多小的分枝，这些小分枝依次表明了各个类群的动物和植物的进化顺序，以及进化地位。

生物进化历经了哪几个时期

众所周知，地球上生命的进化是一个漫长的过程。现在人们把地球上生物的进化分为5个时期，分别为：太古代、元古代、古生代、中生代和新生代。有些代还进一步划分为若干"纪"，如古生代从远到近划分为寒武纪、奥陶纪、志留纪、泥盆纪、石炭纪和二叠纪；中生代划分为三叠纪、侏罗纪和白垩纪；新生代划分为古近纪、新近纪和第四纪。这就是对地球历史时期最粗略的划分，我们称之为"地质年代"。不同的地质年代生命有不同的特征。距今24亿年以前的太古代，地球表面已经形成了原始的岩石圈、水圈和大气圈。但那时地壳很不稳定，火山活动频繁，岩浆四处横溢，海洋面积广大，陆地上尽是些秃山。这时是铁矿形成的重要时代，最低等的原始生命开始产生。

你知道吗

原始生命

是生命起源的化学进化过程的产物。有些多分子体系经过长期不断地演变，特别是由于核酸和蛋白质这两大主要成分的相互作用，终于形成了具有原始新陈代谢作用和能够进行繁殖的物质，这就是原始生命。

太古代是最古老的地史时期。从生物界看，这是原始生命出现及生物演化的初级阶段，当时只有数量不多的原核生物，它们只留下了极少的化石记录。从非生物界看，太古代是一个地壳薄、地热梯度陡、火山—岩浆活动强烈而频繁、岩层普遍遭受变形与变质、大气圈与水圈都缺少自由氧、形成一系列特殊沉积物的时期，也是一个硅铝质地壳形成并不断增长的时期，又是一个重要的成矿时期。

地质年代表

宙	代	纪	同位素年龄（百万年）		生物进化阶段	
			距今年龄	持续时间	植物	动物
显生宙	新生代（Kz）	第四纪（Q）	2.5	2.5	被子植物	人类出现 哺乳动物
		第三纪（R）	67	64.5		
	中生代（Kz）	白垩纪（K）	137	70		鸟类
		侏罗纪（J）	195	58		
		三叠纪（T）	230	35	裸子植物	爬行动物
	古生代（Kz）	二叠纪（P）	285	55		
		石炭纪（C）	350	65	蕨类植物	两栖动物 鱼类
		泥盆纪（D）	400	50		
		志留纪（S）	440	40	裸蕨植物	
		奥陶纪（O）	500	60		
		寒武纪	570	70		无脊椎动物
隐生宙	元古代（Kz）	震旦纪（Z）	2400	1830		
	大古代（Kz）		4500	2100	菌藻类	

　　距今24亿～6亿年是元古代。这时地球表面大部分仍然被海洋掩盖着。到了晚期，地球上出现了大片陆地。"元古代"的意思就是原始生物的时代，这时出现了海生藻类和海洋无脊椎动物。元古代初期地表已出现了一些范围较广、厚度较大、相对稳定的大陆板块。因此，在岩石圈构造方面，元古代比太古代显示了较为稳定的特点。早元古代晚期的大气圈已含有自由氧，而且随着植物的日益繁盛与光合作用的不断加强，大气圈的含氧量继续增加。元古代的中晚期藻类植物已十分繁盛，明显区别于太古代。元古代后期从生物的进化看，这一时期因含有无硬壳的后生动物化石，而与不含硬壳动物化石的太古代有了重要的区别；但与富含具有壳体的动物化石的古生代寒武纪相比，其所含的化石不仅种类单调、数量很少而且分布十分有限。因此，还不能利用其中的动物化石进行有效的生物地层工作。元古代后期生物界最突

出的特征是出现了种类较多的无硬壳后生动物，末期又出现少量小型具有壳体的动物。高级藻类进一步繁盛，微体古植物出现了一些新类型，叠层石在这一时期趋于繁盛，后期数量和种类都突然下降。再从岩石圈的构造状况来看，已经出现几个大型的、相对稳定的大陆板块，之上已经是典型的盖层沉积，与古生代相似。

距今 6 亿～2.5 亿年是古生代。"古生代"的意思是古老生命的时代。这时，海洋中出现了几千种动物，海洋无脊椎动物空前繁盛。以后出现了鱼形动物，鱼类大批繁殖起来。一种用鳍爬行的鱼出现了，并登上陆地，成为陆上脊椎动物的祖先。两栖类

叠层石

也出现了。北半球陆地上出现了蕨类植物，有的高达 30 多米。这些高大茂密的森林后来变成大片的煤田。

古生代开始——藻类和无脊椎动物时代。寒武纪是生物界第一次大发展的时期，当时出现了丰富多样且比较高级的海生无脊椎动物，保存了大量的化石，从而有可能研究当时生物界的状况，并能够利用生物地层学方法来划分和对比地层，进而研究有机界和无机界比较完整的发展历史。

奥陶纪是古生代的第二个纪，始于 5 亿年前，延续了 6500 万年。奥陶纪是地史上海侵最广泛的时期之一。在板块内部的地台（大陆上自形成以后未再遭受强列褶皱的稳定地区）区，海水广布，表现为滨海浅海相碳酸盐岩的普遍发育，在板块边缘的活动地槽区，为较深水环境，形成厚度很大的浅海、深海碎屑沉积和火山喷发沉积。奥陶纪末期曾发生过一次规模较大的冰期，其分布范围包括非洲（特别是北非）、南美的阿根廷、玻利维亚以及欧洲的西班牙和法国南部等地。

奥陶纪的生物界较寒武纪更为繁盛，海生无脊椎动物空前发展，其中以

笔石、三叶虫、鹦鹉螺类和腕足类最为重要，腔肠动物中的珊瑚、层孔虫，棘皮动物中的海林檎、海百合，节肢动物中的介形虫，苔藓动物等也开始大量出现。

奥陶纪中期，在北美落基山脉地区出现了原始脊椎动物异甲鱼类——星甲鱼和显褶鱼，在南半球的澳大利亚也出现了异甲鱼类。植物仍以海生藻类为主。

志留纪——陆生植物和有颌类出现。志留纪是早古生代的最后一个纪。由于志留纪在波罗的海哥德兰岛上发育较好，因此曾一度被称为哥德兰纪。志留纪的生物面貌与奥陶纪相比，有了进一步的发展和变化。海生无脊椎动物在志留纪时仍占重要地位，但各门类的种属更替和内部组分都有所变化。如笔石动物保留了双笔石类，新兴的单笔石类也很繁盛；腕足动物内部的构造变得比较复杂，如五房贝目、石燕贝目、小嘴贝目得到了发展；软体动物中头足纲、鹦鹉螺类显著减少，而双壳纲、腹足纲则逐步发展；三叶虫开始衰退，但蛛形目和介形目大量发展；节肢动物中的板足鲎，也称"海蝎"，在晚志留世海洋中广泛分布；珊瑚纲进一步繁盛；棘皮动物中海林檎类大减，海百合类在志留纪大量出现。

泥盆纪是晚古生代的第一个纪，始于 4.1 亿年前，延续了约 5500 万年。泥盆纪古地理面貌较早古生代有了巨大的改变，表现为陆地面积的扩大，陆相地层的发育，生物界的面貌也发生了巨大的变革。陆生植物、鱼形动物空前发展，两栖动物开始出现，无脊椎动物的成分也显著改变。

知识小链接

无脊椎动物

无脊椎动物是背侧没有脊柱的动物，它们是动物的原始形式。其种类数占动物总种类数的95%。分布于世界各地，现存100余万种，包括棘皮动物、软体动物、腔肠动物、节肢动物、海绵动物、线形动物等。

石炭纪延续了6000万年。石炭纪时陆地面积不断增加，陆生生物空前发展。当时气候温暖、湿润，沼泽遍布，大陆上出现了大规模的森林，给煤的形成创造了有利条件。

石炭纪又是地壳运动非常活跃的时期，因而古地理的面貌有着极大的变化。这个时期气候分异现象十分明显，北方古大陆为温暖潮湿的聚煤区，冈瓦纳大陆却为寒冷的大陆冰川沉积环境。气候分带导致了动、植物地理分区的形成。

二叠纪是古生代的最后一个纪，也是重要的成煤期。二叠纪大约始于2.95亿年前，延至2.5亿年前，共经历了4500万年。二叠纪的地壳运动比较活跃，古板块间的相对运动加剧，世界范围内的许多地槽封闭并持续地形成褶皱山系，古板块间逐渐拼接形成联合古大陆（泛大陆）。陆地面积的进一步扩大，海洋范围的缩小，自然地理环境的变化，促进了生物界的重要演化，预示着生物发展史上一个新时期的到来。

距今2.5亿~0.7亿年的中生代，历时约1.8亿年。这是爬行动物的时代，恐龙曾经称霸一时。这时也出现了原始的哺乳动物和鸟类。蕨类植物日趋衰落，被裸子植物所取代。中生代繁茂的植物和巨大的动物，后来就变成了许多巨大的煤田和油田。中生代还形成了许多金属矿藏。

恐龙复原图

三叠纪是中生代的第一个纪。海西运动以后，许多地槽转化为山系，陆地面积扩大，地台区产生了一些内陆盆地。这种新的古地理条件导致沉积相及生物界的变化。从三叠纪起，陆相沉积在世界各地，尤其在中国及亚洲其他地区都有大量分布。在古气候方面，三叠纪初期继承了二叠纪末期干旱的特点，到中、晚期之后，气候向湿热过渡，由此出现了红色岩层含煤沉积、旱生性植物向湿热性植物发展的现象。植物地理区也同时发生了分异。

生物变革方面，陆生爬行动物比二叠纪有了明显的发展。古老类型的代表（如无孔亚纲和下孔亚纲）基本绝灭，新类型大量出现，并有一部分转移到海中生活。原始哺乳动物在三叠纪末期也出现了。由于陆地面积的扩大，淡水无脊椎动物发展很快，海生无脊椎动物的面貌也为之一新。菊石、双壳类、有孔虫成为划分与对比地层的重要门类，而䗴类及四射珊瑚则完全绝灭。爬行动物在三叠纪崛起。

海生菊石

侏罗纪是中生代的第二个纪，生物发展史上出现了一些重要事件，引人注意。如恐龙成为陆地的统治者，翼龙类和鸟类出现，哺乳动物开始发展等；陆生的裸子植物发展到极盛期；淡水无脊椎动物的双壳类、腹足类、叶肢介、介形虫及昆虫迅速发展；海生的菊石、双壳类、箭石仍为重要成员，六射珊瑚从三叠纪到侏罗纪的变化很小；棘皮动物的海胆自侏罗纪开始占领了重要地位。

白垩纪是中生代的最后一个纪，无论是无机界还是有机界在白垩纪都经历了重要变革。

剧烈的地壳运动和海陆变迁，导致了白垩纪生物界的巨大变化，中生代许多盛

翼龙想象图，上为喙嘴龙

行和占优势的门类（如裸子植物、爬行动物、菊石和箭石等）后期相继衰落和绝灭，新兴的被子植物、鸟类、哺乳动物及腹足类、双壳类等都有所发展，预示着新的生物演化阶段——新生代的来临。

爬行类从晚侏罗世至早白垩世达到极盛，继续占领着海、陆、空。鸟类继续进化，其特征不断接近现代鸟类。哺乳类略有发展，出现了有袋类和原始有胎盘的真兽类。鱼类已完全地以真骨鱼类为主。

地球历史的中生代，被称为"裸子植物时代"。但是，在真正的裸子植物兴盛的时候，真正的陆生爬行动物也发展起来了。因此，从动物的角度来看，中生代亦可称为"爬行动物时代"。爬行动物到中生代成了当时最繁荣昌盛的脊椎动物，它们形态各异，各成系统，霸占一方，到处是"龙"的天下。向海洋发展的，如鱼龙；向天空发展的，如飞龙；向陆地发展的，如各式各样的恐龙。2亿多年前的三叠纪早期以后，有些陆生爬行动物又返回海洋，先后形成了各具特色的鱼龙、蛇颈龙等，其中一些还是当时海洋中显赫一时的大动物。爬行类由爬行到飞行的种类也不少，如喙嘴龙、翼手龙等。上天不容易，由爬行到飞行不是一下子形成的，而是经过了漫长的岁月，是一代代有利于飞行的变异积累的结果。

新生代是地球历史上最新的一个阶段，时间最短，距今只有7000万年左右。这时，地球的面貌已同今天的状况基本相似了。新生代被子植物大发展，各种食草、食肉的哺乳动物空前繁盛。自然界生物的大发展最终导致人类的出现，古猿逐渐演化成现代人。一般认为，人类是第四纪出现的，距今约有240万年的历史。

拓展阅读

生物的分类

现在一般把动物界分为十门，包括原生动物门、多孔动物门、腔肠动物门、扁形动物门、线形动物门、环节动物门、软体动物门、节肢动物门、棘皮动物门、脊索动物门。其中脊索动物门有尾索、头索、半索、脊椎动物四个亚门，除脊椎动物亚门外其他的都是无脊椎动物。

➡️ 达尔文的进化之旅

查理斯·达尔文（1809—1882），英国的博物学家、生物学家，进化论的奠基人，生于英国的施鲁斯伯里。祖父和父亲都是当地的名医，家里希望他将来继承祖业，16岁时便被父亲送到爱丁堡大学学医。达尔文的进化论是解释生物进化的重要理论之一。达尔文进化论的提出与其环球考察之旅有很大的关系。正是这次旅行的见闻，为他提出进化论奠定了基础。

知识小链接

藻　类

藻类是原生生物界一类真核生物。主要水生，无维管束，能进行光合作用。体型大小各异，小至长1微米的单细胞鞭毛藻，大至长达60米的大型褐藻。一些权威专家继续将藻类归入植物或植物样生物，但藻类没有真正的根、茎、叶，也没有维管束。这点与苔藓植物相同。

达尔文的环球考察可以说有几分偶然。当时，英国海军部派军官费茨罗伊乘"小猎犬"号舰勘探南美等地海岸，他本来邀请的伙伴未能前行，好事就落在了被汉斯罗教授推荐来的达尔文头上。虽然迷信颅相学的舰长怀疑长着肉头鼻子的达尔文是否具备参加远航的勇气和毅力，但还是接受了他。

"小猎犬"号从朴茨茅斯港起航穿过北大西洋，到达巴西的巴伊亚，然后沿南美东海岸一路南下，到达里约热内卢后，再经南大西洋的福克兰群岛、火地岛，绕过合恩角，沿南美西岸北上，从秘鲁圣地亚哥的普拉亚港，经北太平洋的加拉帕哥斯群岛到达大洋洲塔西提岛、新西兰等地，横渡印度洋到马达加斯加岛，经非洲好望角驶往北大西洋，最后于1836年10月2日回到英国。

英国的博物学家、生物学家，进化论的奠基人达尔文

这历时 5 年、行程数万公里的环球考察充满艰辛，但也让达尔文大开眼界，大长见识。在沿途，他对当地动植物进行了考察。达尔文看到，欧洲人带来的外来生物——猪、羊的入侵，彻底毁灭了圣赫勒拿岛上的森林。随之消亡的还有 8 种陆生软体动物。西方殖民者饲养的大量牲畜改变了南美植被的总貌，使羊驼、野鹿和鸵鸟等本土物种濒临灭绝，生物多样性急剧衰减，不少当地动植物的自然演化进程或被打乱节奏，或因灭绝猝然中止。他看到了珊瑚对伯南布哥海岸的保护，海底火山与珊瑚环礁的关系，观察了火地岛水下大海藻森林生态系统。他认为，如果海藻森林被毁，那么依赖海藻为生的无数水生生物及海獭、海鸟、海豹等动物都将死去，火地岛人也无法存活，这证明了人类与周边生态的密切关系。他看到了高山藻类造成的"红雪"和海中藻类发出的磷光，看到了迁徙途中漫天飞雪般飘落到舰上的白色蝴蝶，看到了海蛞蝓、墨斗鱼、刺鲀、巨鲸、鲣鸟、燕鸥及偷燕鸥食物的大螃蟹、卡拉鹰、兀鹰、火烈鸟、灶鸟、企鹅、吸血蝠、各种甲虫、会发咔嗒声的蝴蝶、水豚、鬣蜥、犰狳、驼马等上百种动物，还有遮天蔽日的飞蝗。在布兰卡港、圣朱利安和巴拉开那河岸等地，达尔文挖掘收集到了大地獭、乳齿象、箭齿兽、后弓兽等许多已灭绝的南美巨兽化石，并感到现存的动物很像它们的侏儒版，有着

白色蝴蝶

某种亲缘关系。

　　达尔文相当惊奇地发现，在加拉帕哥斯群岛那些相距不远而又彼此隔绝的火山岛上，陆龟、燕雀等同种生物都发生了不同变异。他亲眼看到新物种正被大自然这只冥冥中的大手创造出来，令他无比激动。他发现许多动物都处于过渡类型，如正往鼹鼠演变的一种地鼠。有的演化孕育着被自然淘汰的灭绝危机，如大旱之年无法用双唇吃草的妮亚特牛。

　　在考察过程中，达尔文根据物种的变化，整日思考着一个问题：自然界的奇花异树、人类万物究竟是怎么产生的？它们为什么会千变万化？彼此之间有什么联系？这些问题在脑海里越来越深刻，逐渐使他对神创论和物种不变论产生了怀疑。同时他还对当地的地质状况进行了考察。在此基础上他提出了著名的生物进化论。

　　达尔文的生物进化论简称进化论，是生物学最基本的理论之一。进化，是指生物在变异、遗传与自然选择作用下的演变发展、物种淘汰和物种产生过程。地球上原来无生命，大约在30亿年前，在一定的条件下，形成了原始生命，其后，生物不断地进化，直至今天世界上存在着170多万个物种。达尔文进化论主要包括4个子学说：

　　（1）认为物种是可变的。现有的物种是从别的物种变来的，一个物种可以变成新的物种。这一点，早已被生物地理学、比较解剖学、比较胚胎学、古生物学和分子生物学等学科的观察、实验所证实，我们现在甚至可以在实验室、野外直接观察到新物种的产生。所以，这是一个科学事实，其可靠程度等同于"地球是圆的""物质由原子组成"。

　　（2）所有的生物都来自共同的祖先。分子生物学发现了所有的生物都使用同一套遗传密码，生物化学揭示了所有生物在分子水平上有高度的一致性，最终证实了达尔文这一远见卓识。所以，这也是一个被普遍接受的科学事实。

　　（3）自然选择是进化的主要机制。自然选择的存在，是已被无数观察和实验所证实的，所以，这也是一个科学事实。但是，现在学术界一般认为，自然选择的使用范围并不像达尔文设想的那么广泛。自然选择是适应性进化

（即生物体对环境的适应）的机制，对于非适应性的进化，有基因漂移等其他机制。也就是说，不能用自然选择来解释所有的进化现象。考虑到适应性进化是生物进化的核心现象，说自然选择是进化的主要机制也是成立的。

（4）生物进化的步调是渐变式的，是一个在自然选择作用下累积微小的优势变异的逐渐改进的过程，而不是跃变式的。这是达尔文进化论中较有争议的部分。达尔文在世时以及死后相当长一段时间，大部分生物学家，特别是古生物学家，都相信生物进化是能够出现跃变的，认为新的形态和器官是源自大的跃变，而不是微小的变异在自然选择的作用下缓慢而逐渐地累积下来的。包括赫胥黎在内的一些古生物学家由于强调生物化石的不连续性而持这种观点。在遗传学诞生之后的一段时间内，早期遗传学家们由于强调遗传性状的不连续性，也普遍接受跃变论。

基本小知识

胚 胎

胚胎是专指有性生殖，是指雄性生殖细胞和雌性生殖细胞结合成为合子之后，经过多次细胞分裂和细胞分化后形成的有发育成生物成体能力的雏体。一般来说，卵子在受精后的2周内称孕卵或受精卵，受精后的第3~8周称为胚胎。

在20世纪40年代，"现代综合"学说将遗传学和自然选择学说成功地结合起来，渐变论逐渐占了优势。但是近二三十年来，古生物学和进化发育生物学的研究表明，生物进化过程很可能是渐变和跃变两种模式都存在的，跃变论又有抬头的趋势。不过，进化论所说的跃变，除了某些非常特殊的情形（例如植物经杂交出现新种），并非是指在一代或数代之间发生的进化，而可能经历了数千年、数万年乃至数百万年，只不过以地质年代来衡量显得很短暂而已。

现代综合学说完美地解释了微进化和新种生成，并认为由微进化和新种生成的研究所得的结果可以进一步推广到大进化。但是一些生物学家对这个推论表示怀疑，他们认为生物大进化可能有属于自己的机理。按照他们的观点，生物新类型的产生是在生物胚胎发育过程中基因突变的结果。胚胎发育时的微小突变可以导致成体的巨大变化。最近发育生物学的研究似乎证明了这一点：如果在胚胎发育过程中，某种基因的表达速度变慢，就会使鱼鳍变成肢足。可以预见，随着发育生物学的发展，越来越多的大进化难题将被解决。

➤ 一起揭秘 "微生物"

◎ 三叶虫

　　三叶虫是一种已经绝灭了的节肢动物。三叶虫最早是随着寒武纪初期的小壳动物群而出现的。小壳动物群主要是指软舌螺、腹足类、单板类、喙壳类和分类位置不明的一人批个体微小（一般仅 1~2 毫米）、低等的软体动物。当时的海洋条件已经适合于它们生存，这些动物给三叶虫带来了丰富的食源。在那时的海洋中，三叶虫还没有遇到有力的竞争对手，因此它们横行霸道，迅速发展，整个寒武纪成了三叶虫的世界。

　　三叶虫的身体分为头部、胸部和尾部三个部分，背面的甲壳坚硬，正中突起，两肋低平，也形成纵列的三部分。三叶虫的名字就是这么来的吧！由于三叶虫的背壳坚硬，所以容易被保存成为化石。我们今天了解这种绝灭了的动物，全

三叶虫化石

是通过化石来认识的。三叶虫的头部由于覆盖有硬甲，可称为头甲。头甲上中央隆起的部分叫头鞍。头鞍的形状和大小在不同种类中变化较大，头鞍前部是头盖，上面发育着眼脊、眼叶和眼。头盖两侧的边缘下凹并延展形成活动颊，活动颊常常进一步形成十分尖锐的颊刺，伸向身体的后方。整个头甲是三叶虫分类和种属鉴定的重要依据。

三叶虫的胸甲由许多形状相似的胸节组成，这些胸节相互衔接，与绝大多数节肢动物的体节相似，胸节可以活动，并有弯曲的功能。三叶虫身体能够蜷起或伸展开全靠这些活动的胸节，但幼年体的三叶虫没有胸节。尾甲是指三叶虫身体末端由若干体节融合而成的部分，它们形成三叶虫独特的尾部。三叶虫的尾一般都是半圆形，由于尾的边缘常常形成大小不同的尾刺，使许多三叶虫的尾伸展、放射，变得很美丽。整个三叶虫的背面硬而光滑，但科学家们发现有些种类在背甲上具有小瘤或小结节，这些小瘤或小结节与背甲上的颊刺、肋刺、尾刺一起，构成了复杂的防护"盔甲"。可见，当时海洋中即使有比三叶虫强悍的动物，也不敢轻易冒犯它们。

经过各国古生物学家多年的研究，认为三叶虫具有复杂的发育阶段。三叶虫为雌雄异体，卵生，在它们一生的发育中，要经过多次的蜕壳才能长成，现在的许多节肢动物都承袭了三叶虫的生长方式。三叶虫从幼虫到成虫，一般经历3个生长阶段，即幼年期、分节期和成虫期。了解这点，对我们在野外采集三叶虫化石很有必要。如果稍微具备一些有关三叶虫发育阶段的知识，就能对采集到的三叶虫化石做出大致的鉴定，不致于把不同发育阶段的同一种三叶虫当作不同形态的属种。

幼年期的三叶虫除身体很小外，常常凸起明显，头部与尾部区分不明显，没有胸节，虫体呈圆球状。以后，随着三叶虫不断生长，胸节逐渐增加，当胸节全部长成不再增加时就进入成年期，此时意味着三叶虫已达到性成熟阶段，能够生儿育女了。三叶虫每蜕一次壳，身体都会增大，壳上的刺、瘤，甚至尾甲的分节数也会增加。

三叶虫长大以后就可以在海洋中无忧无虑地生活了，至今为止，人们还没有在陆相地层中发现三叶虫化石，这说明这种动物确实只生存在海洋里。由于三叶虫化石常常与珊瑚、腕足动物、头足动物共同出现，表明它们都喜欢生活在比较温暖的浅海。在那里，三叶虫以各种微小的生物为食，或者也对海草及动物的尸体感兴趣。可以肯定，它们不具有主动攻击的能力，因为三叶虫没有良好的游泳器官，也不具备流线型的体形，在水中行进的速度较慢。从它们的坚固背甲可以想象，一旦有凶猛的动物（如鹦鹉螺类）向它们摆出进攻的架势时，三叶虫会迅速把身体蜷起，像穿山甲那样把自己保护起来，悄悄沉入海底。

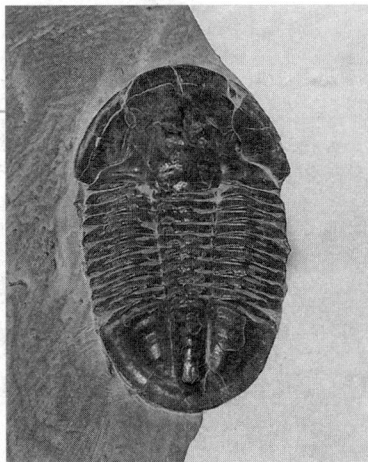

三叶虫完整化石

　　在动物分类学上，三叶虫属于脊椎动物门、三叶虫纲。它们生活在远古的海洋中，主要出现在寒武纪，到寒武纪晚期时发展到顶峰。此后，三叶虫从极盛的高峰走向衰退，延续到二叠纪末期时绝灭，没有进入中生代。三叶虫在整个古生代3亿多年的漫长地质历程中生生不息，繁衍出了众多的类群和巨大的数量，总计有1500多个属，1万多个种，其中发现于我国的有大约500个属。

　　在远古海洋中，三叶虫的生活环境从浅海到深海非常广。偶尔三叶虫在海底爬行时留下的足迹也被化石化了。它们似乎在所有远古海洋中均有生存。

广角镜

动物分类学

　　动物学的一个分支学科。它主要研究动物的种类、种类之间的亲缘关系、动物界起源和演化等。主要根据自然界动物的形态、身体内部构造、胚胎发育的特点、生理习性、生活的地理环境等特征，进行综合研究，将特征相同或相似的动物归为一类，给它们命名，这就是动物分类学所研究的内容。

今天在全世界发现的三叶虫化石可以分为上万种。由于三叶虫的发展非常快，因此它们非常适合被用作标准化石。地质学家可以使用它们来确定含有三叶虫的石头的年代。三叶虫是最早的、获得广泛吸引力的化石，至今为止每年还有新的物种被发现。在英属哥伦比亚、美国纽约州、中国、德国和其他一些地方发现过非常稀有的、带有软的身体部位如足、鳃和触角的三叶虫化石。

三叶虫生活的年代距今虽然遥远，但是科学家对它的形态、构造等特征的了解是相当充分的。主要的原因有以下几点：首先，三叶虫身体表面披有坚固的甲壳，在个体发育过程中经历多次蜕壳生长，所以它们在地层中遗留下的化石数量比其他生物要多；其次，寒武纪海洋中很少有比三叶虫更大、更凶暴的动物和它们生活在一起，因此它们能够迅速繁衍，广泛分布；此外，三叶虫化石大多保存在质地细致的石灰岩或页岩中，因此，不仅外壳的特征能够被观察得很清楚，而且有时其内部构造也能被看得很清晰。

三叶虫的主要特征表现在它的背壳构造。其头部中央有一个突起的"头鞍"，可能是安置脑的处所。头鞍的表面有的光滑无饰，有的瘤斑点缀，还有的具有为数不等的横沟。这些横沟被称为"头鞍沟"。头鞍两侧一般有成对的眼睛。沿眼睛的前后有一条沟，称为"面线"，这是三叶虫成长过程中借以蜕壳钻出身体的地方。头部腹面的前端有一对分节的触须，既是行动器官，又是感觉器官。触须的后面是摄食的口，通常盖着"唇瓣"。口两侧有许多细小而分节的行动器官——附肢。附肢上有细密的纤毛，大概可以起到呼吸的作用。

三叶虫的生活习性是多种多样的。三叶虫与珊瑚、海百合、腕足动物、头足动物等动物共生。大多适应于浅海底栖爬行或以半游泳生活，还有一些在远洋中游泳或远洋中漂浮生活。生活习性的不同决定着其身体构造不同。底栖三叶虫身体扁平，有的三叶虫可钻入泥沙生活，其头部结构坚硬，前缘形似扁铲，便于挖掘。有的头甲愈合，肋刺发育，尾小，具尖末刺，用以在泥沙中推进。另外，适于在松软或淤泥海底爬行生活的类型，其肋刺和尾刺均很发育，使身体不易陷入泥中。适于漂浮生活的类型，往往身体长满纤细的长刺。它们以原生动物、海绵动物、腔肠动物、腕足动物的动物尸体或以海藻等细小生物为食。化石中最多的一类化石保存在石灰岩或页岩中，也由此可见当时它们大多生活在浅海底或游移于淤泥之上。它们有的稍能游泳，有的随水漂流。志留纪中期的齿虫类，整个身体几乎被密密的长刺包围，这些长刺对于它们在水里游泳来说是一种强有力的推进器，因此可以推测它们是游泳的能手。同时，这些长刺也是抵御天敌的有效武器。这种类型的三叶虫主要是出现于奥陶纪到泥盆纪时期，当时与它共生的鹦鹉螺类、板足鲎类和鱼类都是三叶虫的劲敌，如果三叶虫不增强它的游泳能力和御敌的武器，它们怎样在那个竞争激烈的环境中继续生存繁衍呢？

奥陶纪的某些三叶虫，如宝石虫、斜视虫、隐头虫等还发展了蜷曲的能力，它们的头部和尾部可以完全紧接在一起，仅将背部的硬壳暴露在外；它们还可以钻进淤泥以保护其柔软的腹部器官，这样，一方面便于御敌，另一方面也可以以类似于尺蠖那样的伸曲方式推动身体前进。

三叶虫自从在寒武纪早期出现以后，在整个系统演化中各部主要构造特点也逐渐发生相应的变化，这些变化规律主要有下列几方面：①头鞍形态的变化：寒武纪早期的原始三叶虫的头鞍形态多为长圆锥形，凸起也不显著。往后到了寒武纪中期以后，头鞍逐渐缩短，两侧趋向平行，成为圆柱形，有的甚至成为球形。到了寒武纪晚期及以后的三叶虫，

肋刺

尾刺

隐头虫化石

甚至头鞍与其两侧的颊部分界也不清楚了。②面线后支所在位置的变化：早期三叶虫的面线后支（即眼睛之后的那段面线）终点常与头部的后边缘或两颊角相交；到了奥陶纪以后的类型，则常与头部的两旁侧缘上相交。③眼的变化：某些三叶虫的眼睛早期是新月形的，随后逐渐变小，最后消失。另一

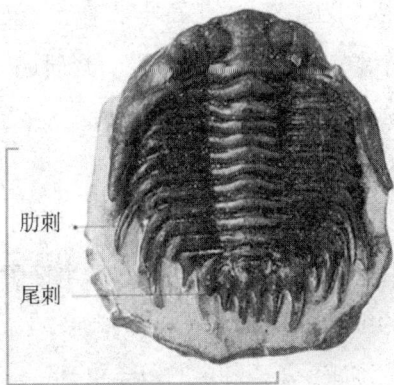

类复眼比较发达的三叶虫，眼睛则由小变大，最后会出现眼柄，眼睛则长在高高耸起的眼柄顶端上。志留纪的许多三叶虫就属于这一类。④身体周围长刺的变化：寒武纪和奥陶纪的三叶虫很少长刺，而志留纪及其以后的类型长刺较为多见，而且刺比以前的更加复杂。⑤胸节由多变少，尾部由小变大，头鞍上的横沟由多到少等趋势也在许多类型的三叶虫上显示出来。

三叶虫灭绝的具体原因不明，但是志留纪和泥盆纪时期两腭强大，互相之间由关节连接的鲨鱼和其他早期鱼类的出现与同时出现的三叶虫数量的减少似乎有关。三叶虫可能为这些新动物提供了丰富的食物。

寒武纪时为什么会出现那么多三叶虫呢？科学家们通过对古生态学的研究认为，三叶虫具有很好的适应环境的生存方式。三叶虫并不遵循着单一的生活模式，有些种类的三叶虫喜欢游泳，有些种类喜欢在水面上漂浮，有些喜欢在海底爬行，还有些习惯于钻在泥沙中生活。它们占据了不同的生态空间，寒武纪的海洋成了三叶虫的世界。在寒武纪以后的地质时代，这种不同寻常的生物与其他无脊椎动物又共同生存了很长时间，数量才逐渐减少和衰退。我国三叶虫化石非常丰富，仅在寒武纪的早期就发现了200多个属。山东泰安盛产的"燕子石"，经研究发现就是当时大量活动的三叶虫死后堆积形成的，那些显露在岩石表面纷纷欲飞的"燕子"，实际上全是一种长有长长尾刺三叶虫的尾甲。

此外，到二叠纪后期时，三叶虫的数量和种类已经相当少了，这无疑为它们在二叠纪、三叠纪灭绝事件中灭绝提供了条件。此前的奥陶纪、志留纪灭绝事件虽然没有后来的二叠纪、三叠纪灭绝事件那么严重，但是也已经大大地减少了三叶虫的多样性。

三叶虫出现后，在整个早古生代（包括寒武纪、奥陶纪和志留纪）都可作为众多生物的代表，它们和许多其他生物一起共同揭开了地球走进生物多样化的序幕，从此，一个欣欣向荣的生物世界才真正出现。晚古生代时，三叶虫数量随着门类众多的海洋无脊椎动物的大量涌现而减少，中生代到来时终于绝灭。

早在 300 多年前的明朝崇祯年间，一个名叫张华东的人在山东泰安大汶口发现了一种包埋在石头里的"怪物"，其外形容貌颇似蝙蝠展翅，于是他就将其命名为"蝙蝠石"。到了 20 世纪 20 年代，我国的古生物学家对"蝙蝠石"进行了科学研究，终于弄清楚了原来这是一种三叶虫的尾部。这种三叶虫生活在 5 亿年前的寒武纪晚期，是海洋中的一种节肢动物。为了纪念世界上第一个给三叶虫起的这个名字，我国科学家就把这种三叶虫由拉丁名翻译成的中文名字依然叫作"蝙蝠石"或是"蝙蝠虫"。

趣味点击　节肢动物

节肢动物也称"节足动物"，动物界中种类最多的一门。身体左右对称，由多数结构与功能各不相同的体节构成，一般可分头、胸、腹三部分，但有些种类头、胸两部分愈合为头胸部，有些种类胸部与腹部未分化。体表被有坚厚的几丁质外骨骼。附肢分节。

◎ 古球菌

古球菌，生活在 33.8 亿～28 亿年前，属太古代的超微化石，与原细菌同发现于南非温福瓦赫特群的黑色沉积岩中，但地层更古老一些。这些微球形的丝丝缕缕（碳质燧石结核）是最早生命的代表，被称为巴伯顿球菌，可能也是现代蓝绿藻的近亲。对所在地层的有机物分析表明，这些球状体与硅质岩中所含的油母质碳化合物密切相关，这些球体还处在非生命的有机物阶段，它们以非生命的有机质为养料，很接近

古球菌形态

生命起源的源头。不过，这些直径 5～25 微米的碳质球状颗粒在陨石中也存在，而且直径频率分布表明它们也可能是非生物的。事实上，大多数早期生命的化石证据都不能通过严格审查而确认，或者是因为化石形态过于简单，或者是模糊不清。

◎ 曲霉菌

曲霉菌，最早可追溯到震旦纪。

对很多人来说，曲霉菌这个名字并不陌生。事实上，自震旦纪以来这个族群在地球上已经生存了 5 亿多年，至今仍占空气中真菌的 12% 左右，种类有 170 多种，为丝状菌的典型代表。最早的曲霉菌化石发现于格陵兰，在它们的分生孢子顶端生长有球形的孢子头，该霉菌因而得名。如果条件适宜，散布在空气中的分生孢子的菌丝本身也可以伸长增殖，菌丝形成隔壁即可产生两个独立的细胞。此外，称作子囊孢子的有性孢子也具备增殖能力。曲霉菌主要靠环境中的有机物为生，为腐生菌。如今曲霉菌在土壤中很常见，并且可引发眼部感染、脏器病变等多种人体疾病。

◎ 查恩盘虫

查恩盘虫，别名：美巢盘、恰尼盘海笔，生活在元古代晚期。

查恩盘虫与曾分布于半个世界的查恩海笔并非同属，但在形态上两者很相似。与澳大利亚的其他前寒武纪生物类型一样，它们的外表似乎属于今天称为海笔的软珊瑚一族。查恩盘虫的身体中部有一个叶状物，长20～30厘米，又从中心轴上长出许多向外排列而且间距很密的互生羽枝，每枝又细分出大约 15 个横向槽。它们的身体就像连在圆盘上的羽毛，靠底部

查恩盘虫化石

的基盘附着在海底，靠滤食水中的营养物质为生。查恩盘虫可能与现生海鳃类有亲缘关系，但这一点并未确定。实际上，埃迪卡拉动物群中的一个常见种——对生查恩盘虫与中寒武世布尔吉斯页岩的一个属奇翼虫的复原图惊人地相似，相似性包括个体大小、形状、中央羽轴的形式，羽枝局限于叶的一面，而在每个侧枝的根部有跟羽轴相连的一对连接物。现生的海鳃类沙奢在许多生理特征上也与其很相似。然而查恩盘虫的叶状身体与海笔不同，而且羽枝不是相互独立的，水流只能从表面而不能从中间通过（这就给滤食带来困难）。大多数古生物学家认为它们是一种软体珊瑚。

◎ 狄更逊水母

狄更逊水母生活在 6 亿~5.6 亿年前，是距今 5.6 亿年的澳大利亚埃迪卡拉生物群中的一员，属于侧水母纲。目前已知有 3 种本属成员。它的体形扁平柔软，略呈卵状，大小不一，直径 5~20 厘米不等，一些个体甚至可以长到 1 米。其形状和分节的对称特点与现生的环节动物刺虫（多毛纲的特殊类型）很相似。它的身体

狄更逊水母

柔软无骨，体内也没有消化器官等构造。这是由于当时地球的大气含氧量很低（只有今天的 7%），它必须通过扩大身体表面积来获取氧气。实际上，埃迪卡拉动物群可能是一个单独的、空前绝后的演化体系，与后来出现的所有后生动物都没有亲缘关系，狄更逊水母也不例外。现生的水母靠伞体外缘附近的环肌收缩来进行活动，辐射状构造（辐管）穿过环肌带向中央延伸。而狄更逊水母的同心状构造趋于中央，而辐射状构造却分布在外围，这与现代的水母正好相反。

几种狄更逊水母的生活习性很相似，都生活在三角洲或海滨地区的淤泥

和沙地中。狄更逊水母摄食来自上游的有机物。

◎ 原细菌

原细菌，生活在31亿年前。该化石发现于瓮福瓦赫特群之上的地层，称无花果群，其同位素年龄为31亿年左右，是最早类似细菌的生命形式之一。在黑色燧石层中被发现的这些化石可视为微生物形态——可能是一种杆状的菌结构。它们有双层膜结构，可能是最原始的光合器，因此它们已经是自养生物。与今天的绿色植物不同，它们的光合作用是以硫化氢作为氢源，光合产物有硫而没有氧。

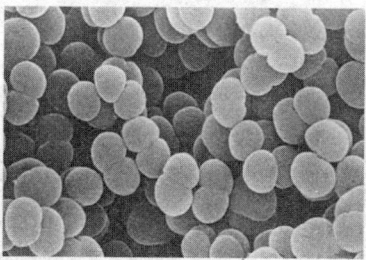

显微镜下的原细菌

◎ 念珠菌

念珠菌，最早可追溯到元古代。这是一类历史悠久的真菌，属双相型单细胞酵母菌，外形为长度小于1/15毫米的"项链"。类似的菌类化石在世界各地的前寒武纪岩石中都有发现，它们的后代至今仍广泛存在于自然界并大量寄生在人和动物体内。

◎ 莫森水母

莫森水母生活在元古代晚期，也是南澳大利亚埃迪卡拉生物群的著名成员。它的体形较大，外廓为圆形并分裂成为不规则裂片，直径

念珠菌

大约 12.5 厘米。其表面有不规则的、围绕圆心的突起部，呈裂片状或鱼鳞状；中间则是像纽扣一样的隆起。人们最早以为它是水母（或海绵），但现在认为它可能是有机体在淤泥中挖洞寻找食物时留下的，故应属于遗迹化石而不是一种动物。

不规则裂片

同心圆裂片

中心突起

莫森水母

无论是动物还是动物遗迹，它们都不大可能通过沉积物缓慢覆盖而保存下来，这是由于水流会搬运遗体和沙粒。因此，只能认为这些化石是突然形成的，就像很多古生代的小型、身体柔软的动物化石一样。

◎ 斯普里格蠕虫

斯普里格蠕虫，生活在 6 亿~5.6 亿年前，可能与现生的多毛纲动物（如沙蚕）有亲缘关系。它们的体长约 7.5 厘米，前端宽，呈新月形，由窄小的弧形物构成，身体分成许多扁而宽的 V 形体节，并被一条与身体同长的中线分开，后部逐渐缩小呈锥状，像尾巴。它生活在浅水和沙质海洋环境中，可能是直立在海底或是像蠕虫一样爬行，但在化石上其 40 多个体节的末端都有一对小爪，这说明它们很可能会游泳。早期的三叶虫（在埃迪卡拉动物群中无记录）可能在解剖学上与之相似。现在一般认为它们是早期的节肢动物，也有人认为它们是新种类，既不是植物也不是动物。

斯普里格蠕虫示意图

◎ 三分盘虫

三分盘虫生活在6亿～5.8亿年前。三分盘虫产于南澳大利亚的庞德亚群，属文德期动物。这是一种小型的盘状生物，有突起的中心部分和3个辐射状的管足，最外侧还有很多辐射状的短毛。这种三辐对称的生物与现生物种的亲缘关系至今尚不清楚。有些科学家认为它们也许是海星非常原始的近亲，或者是同样以三辐对称、生存于寒武纪的阿纳巴管类的祖先。另一种理论认为，它们根本无法与现生动物作比较，也无法在现生动物中找到其确切对应者。

拓展阅读

植物的胚胎

胚是由受精卵（合子）发育而成的新一代植物体的雏形（即原始体）。是种子最重要的组成部分。在种子中胚是唯一有生命的部分，已有初步的器官分化，包括胚芽、胚轴、胚根和子叶四部分。

◤ 探秘生物灭绝

在生物进化的过程中，曾经出现了5次物种大灭绝的现象。起初人们把这种现象解释为：因为太阳有颗姐妹星，名曰"复仇女神"，太阳与她以2600万年的周期相互围绕旋转，也就是说每隔2600万年，"复仇女神"要经过一次由数十亿颗彗星组成的奥特星云，此时就会把一颗甚至几颗彗星赶出正常轨道冲击地球，即所谓的"彗星轰击"灾变。

在神话故事中，关于复仇女神的起源有两种说法，一说是天神乌拉纳斯（最早的至上神，天的化身，大地女神的丈夫）被阉割后的鲜血生成的，一说是大地之神盖亚与风神的女儿。复仇女神有时又被称为"欧墨尼得斯"，意思是"仁慈的人"。因为希腊人对于复仇女神十分敬畏，认为直接说出她们的名字会给自己带来厄运。她们是服务于地府神的复仇女神，她们不仅在阴间，也在阳间惩罚一切冤屈和过错。

基本小知识

彗 星

彗星，俗称"扫把星"，是太阳系中小天体之一类，由冰冻物质和尘埃组成。当它靠近太阳时即为可见。太阳的热使彗星物质蒸发，在冰核周围形成朦胧的彗发和一条稀薄物质流构成的彗尾。由于太阳风的压力，彗尾总是指向背离太阳的方向。

现在我们知道这种说法是十分荒谬的。那么究竟这5次物种大灭绝是什么原因造成的呢？

要想找到物种大灭绝的真正原因，必须站在地球演化的高度，从中找出规律性的东西。根据科学家提出的地球膨裂说得出的地球演化史来看，46亿年前太阳因燃烧而发生爆炸，飞出许多熔融的火球，地球就是其中之一。40亿年前，由于地球逐渐冷却，岩石圈形成。39亿年前，空气中的水蒸气凝结成水珠，降回地表形成海洋，这时的海洋覆盖着整个地球，深度1.2万米。38亿年前，生命在海洋中诞生。6亿年前，发生了寒武纪生命大爆发。从寒武纪到白垩纪地球共发生了11次大的膨裂，其中5次形成了大的造山运动，每次造山运动都使海洋从大陆上退却，造成了物种的大量灭绝。这5次大的物种灭绝每次都与

彗星

造山运动形成的时间惊人的相同。这 5 次大灭绝的物种中都有海洋生物，每次都与海退、大陆面积增加、大陆架减少、海平面下降有关。这足以说明地球膨裂形成造山运动，使海水从大陆上退却是造成物种大灭绝的真正原因。证据：

（1）5 次造山运动与 5 次物种灭绝的时间惊人的相同。寒武纪以来的第一次造山运动是加里东运动，第二次造山运动是海西运动，第三次造山运动是印支运动，第四次造山运动是燕山运动，第五次造山运动是喜马拉雅运动。这和第五次物种灭绝的时间 6500 万年前完全相同。

（2）5 次大灭绝物种的生存方式。由于地球发生膨裂，使海水从陆地上逐步退却，一些浅海变成了陆地，原先生活在这些浅海地区的海洋浮游生物、海洋底栖生物适应不了陆地环境而灭绝了。由于海退，沼泽和浅水湖干涸了，一些生活在沼泽和浅水湖地带的两栖类和爬行类动物也消亡了。这些灭亡的物种都是浅海、底栖、固着、不能主动寻找食物、体形庞大、喜欢水环境的物种。

奥陶纪末 4.4 亿年前，第一次灭绝的物种主要是生活在水体的各种无脊椎动物。这次灭绝中死去的大多数为原始海洋生物。当海水从陆地上退却，这些生活在海洋表面或靠近水面、固着在海底的生物，由于适应不了陆地生存环境而难逃死亡的噩运。

泥盆纪末 3.65 亿年前，第二次灭绝的物种主要是许多鱼类和海洋无脊椎动物。这次灭绝的主要是一些原始鱼类，它们适应新环境的能力很差，当海水退却，它们因适应不了新的环境而退出了历史舞台。

二叠纪末 2.5 亿年前，第三次灭绝的物种主要是海百合、腕足动物、苔藓虫组成的表生、固着生物、两栖类和爬行类。当海水从陆地上退却，这些被动摄食、固着海底的生物由于适应不了变化了的环境而被那些可移动、主动摄食的生物所取代。两栖类的卵和幼年期仍生活在水中，它们还不能远离水边，扩散的范围很小，一旦海水退却，这些两栖类必然会走向灭亡。

知识小链接

两栖纲

脊椎动物亚门的1纲，是一类原始的、初登陆的、具五趾型的变温四足动物，皮肤裸露，分泌腺众多，混合型血液循环。其个体发育周期有一个变态过程，即以鳃呼吸生活于水中的幼体，在短期内完成变态，成为以肺呼吸能营陆地生活的成体。现生的有3目约40科400属4000种。

三叠纪末2.05亿年前，第四次灭绝的物种主要是海洋生物、古生代的主要植物群。蕨类植物生活在水边，当海水退却，土地变得干旱，这些蕨类植物适应不了这种干旱环境而被裸子植物所取代。

白垩纪末6500万年前，第五次灭绝的物种主要是裸子植物、恐龙等爬行动物、菊石等。裸子植物生长在湿润地区，恐龙生活在沼泽和浅水湖地带，翼龙生活在岸边的悬崖上。一旦海水退却，这些依赖水环境生存的生物必然会遭到灭顶之灾。

裸子植物

（3）5次大灭绝物种的生殖方式。那些生活在浅海、滨海地区，不论是无性生殖还是有性生殖的生物，它们的生殖方式离不开水环境，一旦离开了水环境，这些物种就不能进行生殖。地球发生膨裂，海水从陆地上逐步退却，浅海变成了陆地，这些物种没有了生殖的水环境，所以必然走向灭绝。

奥陶纪灭绝的物种主要是生活在水体中的各种无脊椎动物。它们生活在海洋表面或靠近水面，繁殖也在海洋表面进行。当海水退去，浅海变成陆地的时候，这些在浅海中进行繁殖的无脊椎动物，由于不能在陆地上进行繁殖而灭绝了。

菊石

泥盆纪灭绝的物种主要是鱼类和无脊椎动物。鱼类主要在浅海中进行卵生繁殖。当海水退去，这些鱼类不能在陆地上进行产卵受精而退出历史舞台。

二叠纪灭绝的物种主要是腕足动物、两栖类和爬行类。两栖类的卵和幼年期仍生活在水中，一旦海水退去，这些两栖类由于不能在水中产卵、幼年期不能在水中生活而消亡。

三叠纪灭绝的物种主要是海洋生物和古代蕨类。蕨类植物的配子体独立生活，在水的帮助下受精形成合子，配子体没有水不能受精。当海水退去，气候变得干旱的情况下，由于蕨类植物不能进行正常受精而被裸子植物所取代。

白垩纪灭绝的物种主要是裸子植物、恐龙等爬行动物、菊石、简石等。恐龙下蛋后，用土埋上，靠阳光孵化。恐龙蛋的孵化，一靠温度，二靠湿度。温度过高，胚胎发育过于迅速，胚胎死亡率增加；湿度过低，加速蛋内水分蒸发，造成失水过多，引起胚胎和壳膜粘连而导致胚胎死亡。由于海水退去，气候变得干燥，气温升高，土地干旱，土壤的湿度下降，造成恐龙蛋不能正常孵化，最终导致恐龙灭绝。裸子植物的胚珠和种子是裸露的，由于气候干燥，裸露的种子很快被晒干而失去发芽能力，最终裸子植物被种子由果实包裹的能在干旱条件下繁殖的被子植物所取代。

🔎 迄今最古老的海洋生物是什么

　　4000 多岁的深海黑珊瑚是已知的最老的海洋群体生物。根据 ^{14}C 测定法，生活在此骨架中的微小珊瑚虫只有几岁，或者至少它们的碳只有几岁，这意味着珊瑚虫在这里更新换代了数百年甚至数千年，而此支撑的骨架则在它们周围构建了数千年之久。

　　碳测定是使用放射性碳 ^{14}C 来测定物体年代的一种方法。放射性碳是地球科学中最常用的测定晚第四纪地质年代的工具。早期的放射性碳研究显示，大西洋和太平洋的个别金色珊瑚群体的寿命为 1800 岁到 2740 岁，但是这些结论引起了一些生物学家的争议。更有甚者提出有

深海黑珊瑚

关珊瑚是否以悬浮沉淀物（可能很古老）为食而不依靠近期光合碳，或者它们是否开始长得很快，长到一定大小停止生长的问题。

　　为了解答这些疑问，研究人员分析了珊瑚虫（构成珊瑚的生物）和一个标本的分支。这些深海珊瑚虫和浅海珊瑚虫有着同样的 ^{14}C 含量。研究发现，浅海珊瑚虫的碳在近期光合过程之后被珊瑚虫"吃掉"。深海骨架的 ^{14}C 浓度像极浅海"轰炸后"时序——自 20 世纪 50 年代测定核武器增加大气中 ^{14}C 的天然浓度后的时间。过去 50 年内的射线增长率与 300 年的长期射线增长率类似。该射线增长率还与较大的化石标本的射线增长率保持一致。该射线增长率似乎在所有分析标本每年几十微米的增长率之内。

你知道吗

珊瑚虫

珊瑚纲中多类生物的统称。身体呈圆筒状，有八个或八个以上的触手，触手中央有口。多群居，结合成一个群体，形状像树枝。骨骼叫珊瑚。产在热带海洋中。珊瑚虫种类很多，是海底花园的建设者之一。

在这项新研究中，研究人员使用氨基酸和增长带法测定时，金色珊瑚则年轻得多。用放射性碳测定法，这些被分析标本的平均寿命是 970 岁，范围从 300 年到 2700 年。300 年的时间只能长成一个小分支，半径为 11 毫米，2700 年长成的分支半径为 38 毫米。劳伦斯利福尔摩国家实验室研究人员古尔德森说："这些年代显示，珊瑚的寿命远超于我们原来的估计。我们分析的很多金色珊瑚的标本是分支，而不是珊瑚群最大的部分，因此这些年代可能不能说明整株珊瑚的真实寿命。"

◎ 凶猛的食肉大型无脊椎动物——奇虾

奇虾是一类已经灭绝的大型无脊椎动物，是一种在中国、美国、加拿大、波兰及澳洲的寒武纪沉积岩均有发现的古生物。化石表明这种动物口器有十几排牙齿，直径有 25 厘米，粪便化石长 10 厘米，粗 5 厘米。由此推测，奇虾体长可能超过 2 米。它是已知最庞大的寒武纪动物。

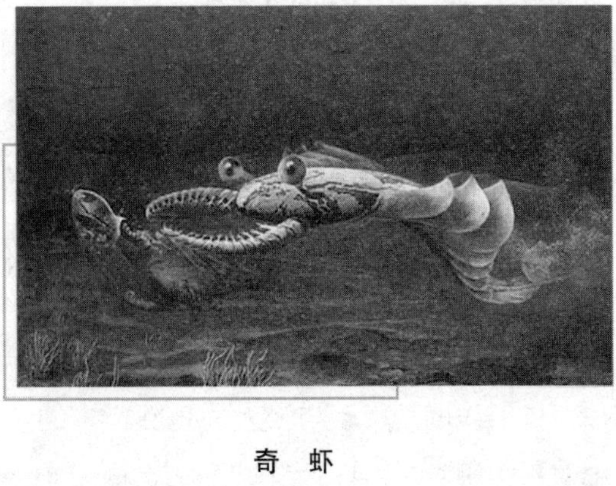

科学家在奇虾粪便化石中发现小型带壳动物的残体，这

奇 虾

说明它是寒武纪海洋中的食肉动物，是海洋世界的统治者和食物最终的消费者。奇虾的发现表明，当时海洋确实存在完整的食物链。新的研究发现，奇虾的捕食肢能弯曲，腿能在海底行走，不过它的附肢没有分化，节之间缺少关节。

奇虾有一对带柄的巨眼、一对分节的用于快速捕捉猎物的巨型前肢、美丽的大尾扇和一对长长的尾叉。它虽不善于行走，但能快速游泳。25 厘米直径的巨口可掠食当时任何大型的生物，口中有环状排列的外齿，对那些有矿化外甲保护的动物构成了重大威胁。奇虾是一种攻击能力很强的食肉动物。它的个体最长可达 2 米以上，而当时其他大多数动物体长平均只有几毫米到几厘米。

事实上，没有人会认为，在当时的海洋中，奇虾不是"适者"。它可以称得上是海洋中的"巨无霸"，处在食物链的顶端。它能够轻而易举地猎获足够的食物，却没有其他生物可以威胁它的生存。但是，就像在陆地上曾经占统治地位的恐龙一样，奇虾也早已绝灭了。

那么，奇虾是因为什么从地球上永远消失的呢？这是又一个没有解开的谜。奇虾的第一件标本约于 121 年前发现于著名的加拿大龙工盾壳二叶虫层位。1892 年，加拿大著名的古生物学家惠特魏将其描述为一只没有脑袋、形似虾的一个节肢动物体躯，它腹部的刺是"虾"的附肢。接下来，美国地质调查所主管、史密森协会主任瓦寇特命名了 Sidneyia，认为它是一种节肢动物，它的头部具有硕大的觅食附肢。1911 年，瓦寇特命名了属于海参类的 Laggania，标本有一个大口的构造。最后，他又命名了一种名为 Peytoia 的水母类，这个生物体具有一个环状构造，带有 32 个骨片围绕在中心的开口位置。

多年以后，剑桥大学地球科学部的教授、杰出的三叶虫专家惠汀顿检视了加拿大寒武纪化石标本，其中一块保存得并不完好的大型标本让他无比震撼，以上 4 个物种竟然在一个动物的身上次第出现了。谁又能想象到这样的一个组合模式——奇虾的后端、Sidneyia 的觅食附肢、压扁的海参 Laggania，再加上有一个中间开孔的水母 Peytoia，这些风马牛不相及的家伙能够拼合在一起，成为一个巨大的生物体：头部长椭圆形，于其侧翼与背面后方边缘有一对位在短柱上的大眼睛。在腹侧面，一对觅食附肢接合近于前方，而在其后中轴位置有着圆形的口器。奇虾可以利用其附肢将猎物送到张开的口中。奇虾的体躯在头部之后分成为 11 个叶片。叶片在体躯中央最宽，而向前与向后方逐渐变窄。体躯最后端短而粗，没有任何延伸的刺或叶片。

奇虾最初在加拿大发现，当时只发现一只前爪的化石，被误认为是虾的尾巴。科学家还想象了一个虾头，由于它不是虾，所以命名为奇虾。1994 年，中国科学家在帽天山发现完整的奇虾化石，纠正了从前的错误，所谓的"尾巴"其实是它的爪子。

◆ 最低等的头足类动物——鹦鹉螺

鹦鹉螺

鹦鹉螺是现存最古老、最低等的头足类动物。头足类在古生代志留纪地层中种类特别繁多，多达 3500 余种。它们都有着不同形状的贝壳，但绝大多数种类都已经绝灭了，生存至今的只有鹦鹉螺、大脐鹦鹉螺和阔脐鹦鹉螺等 3 种。作为"活化石"的它们，是研究动物进化和古生态学、古气候学的重要材料。因此，我国将鹦鹉螺列为国家一级保护动物。

鹦鹉螺基本上属于底栖动物，平时多在 100 米的深水底层用腕部缓慢地匍匐而行，也可以利用腕部的分泌物附着在岩石或珊瑚礁上。它们能够靠充气的壳室在水中游泳，或以漏斗喷水的方式"急流勇退"。在暴风雨过后，海上风平浪静的夜晚，鹦鹉螺惬意地浮游在海面上，贝壳向上，壳口向下，头及腕完全舒展。这类动物有夜出性，主要食物为底栖的甲壳类，特别以小蟹为多。

鹦鹉螺常见于热带和亚热带海面附近，以浮游生物为食。雌体与八腕目的其他种类不同，其背腕具翼状腺质膜，能分泌一个不分室的盘曲的薄壳。壳大，直径达 30~40 厘米（12~16 英寸），质脆。卵产于假外壳内并在此孵化为幼体。其他特征与章鱼属同。雄体只及雌体的约 1/20 大小，无壳。以前认为雄体寄生于雌体壳内。

鹦鹉螺在古生代几乎遍布全球，但现在基本绝迹了，只是在南太平洋的深海里还存在着 6 种鹦鹉螺。

鹦鹉螺现有的种类不多，但化石的种类多达 2500 种。这些在古生代高度繁盛的种群，构成了重要的地层指标。地质学家利用这些存在于不同地质年代的化石，可以研究与之相关的动物演化、能源矿产和环境变化，为利用自然、改造自然提供科学的数据。

鹦鹉螺有着多重迷人的身世。它被古生物学家习称为无脊椎动物中的"拉蒂曼鱼"（一种活化石的代名词）。这些具有分隔房室的鹦鹉螺，历经 6500 万年演化，外形似乎鲜少变化，这让科学家惊叹不已！而它们的祖先族群就有 30 多种，在 6500 万年前那场大劫难中，与恐龙同遭被扫荡一空灭绝的命运。少数残存的现生鹦鹉螺后裔，栖息在印度洋与大西洋海域，剩下了"庞氏鹦鹉螺""深

拓展阅读

珊瑚虫的外形

珊瑚虫身微小，口周围长着许多小触手，用来捕获海洋中的微小生物。它们能够吸收海水中的矿物质来建造外壳，以保护身体。珊瑚虫只有水螅型的个体，呈中空的圆柱形，下端附着在物体的表面上，顶端有口，围以一圈或多圈触手。触手用以收集食物，可作一定程度的伸展，上有特化的细胞（刺细胞），细胞受刺激时翻出刺丝囊，以刺丝麻痹猎物。

脐鹦鹉螺""大头鹦鹉螺"以及两个不大确定的种。科学家称它为活化石，是因为和同样具有多房室外壳的菊石类相关联。

古杯动物因何而备受争议

古杯动物最早出现在寒武纪早期，到侏罗纪就已经绝灭了，现代生物中没有任何一种能够与其进行直接比较。再加上它们的骨骼形态繁多，因而至今科学家也没有对它们全部了解，至于其生活时的软体组织就更是难以得知了。

研究发现，古杯动物是一种海生多细胞动物，有单体、群体或礁体。单体形状为杯状、锥状或圆柱状等，表面光滑，或具有瘤状突起，或具横向、纵向褶皱。单体高一般为 10 ～ 30 毫米，直径 5 ～ 20 毫米。骨骼由多孔的钙质骨板组成，具外壁或由外壁及内壁组成的两个

古杯动物

壁，内、外壁之间的空隙有放射状纵向排列的隔板及横向排列的横板等。内壁之内为中央腔，有时部分填有泡沫板。内、外壁及隔板、横板等均穿有小孔。

古杯动物是海洋底栖生物，大多数固着在海底生活，

蓝绿藻

有些类群也可能会移动。古杯动物的化石大多保存在石灰岩里，而且常常与灰质藻、三叶虫、腕足动物、腹足动物以及软舌螺和锥壳类等动物共生在一起，因而证明它们是正常的浅海动物。科学家根据共生的蓝绿藻推测，古杯动物在海洋中最适宜的生活深度是 20～30 米，最深不超过 50 米。

知识小链接

生物礁

　　生物礁是在各个不同的地史时期由各种生物遗体所形成的礁体的通称，其中，也包括人们熟悉的珊瑚礁。在现代科学技术日益发展的形势下，古老而陌生的"生物礁"正在引起人们越来越多的重视。人们在研究探索生物礁学的领域中开拓出了新的途径，为石油、天然气的勘测和开发谱写了新的篇章。

　　据推测，古杯动物很可能只分布在南、北回归线之间的温暖炎热海洋里，而且能够形成古杯丘或古杯层，但是由古杯动物形成的生物礁则较少见。科学家推测，古杯动物的幼虫可以在海水中漂浮，在成长发育过程中随着身体和骨骼的增长变为成虫后沉入海底，并以各种类型的固着根固着于海底。有些古杯动物的成虫可以呈盘状平卧在海底，而且还可以翻转。

　　事实上，古杯类在动物界中的分类位置争论已久，过去根据其外形及多孔等特点，认为属于多孔动物门，而称为古杯海绵。但古杯骨骼穿有小孔，类型复杂，从未见有骨针，这

拓展阅读

生物礁的构成

　　海洋中的珊瑚礁是由珊瑚虫骨骼构成的，是具有抗浪结构的碳酸盐物质。太平洋上的大堡礁是世界上最大的珊瑚礁，它在澳大利亚东北海岸连绵 2000 千米，分布宽度可达 200 千米，厚度 400 米，构成了一个十分壮观的奇妙景象。

与海绵由于骨针松散联结而成的小孔大不相同。海绵骨骼由骨针组成，无内、外壁及隔板等构造。现在多主张将古杯类列为动物界一个独立的门。

晓鼠与啮齿类有什么关系

最早的啮齿类化石发现于晚古新世。它的起源还不十分清楚。有人认为啮齿目起源于灵长目的更猴类，也有根据跟骨构造怀疑它起源于古肉食类的。但近年中国发现的古新世化石表明，啮齿类的起源可能和亚洲特有的宽臼兽类，如晓鼠有关。20世纪70年代，在我国安徽潜山县古新世中晚期（距今6000多万年）地层中发现过一种名叫东方晓鼠的化石，它有一对大门齿、退化的颊齿以及门齿和颊齿两种不同位置咬合机能的雏形，简直与啮齿类相似极了。我国专家的有关东方晓鼠的论文发表后，引起国内外有关

东方晓鼠化石

学者的极大兴趣，并在他们的古生物书刊中或有关国际会议中，肯定东方晓鼠与啮齿类起源的关系。当然，晓鼠不可能是啮齿类的直接祖先，但至少我们可以说，啮齿类可能起源于晓鼠类的近亲。我国科学家通过对啮齿类动物化石的研究表明：距今5000万年的东方晓鼠是目前已知世界上最古老的鼠，为鼠的祖先。经多方研究考证，确认这种安徽古新世化石是现今最接近啮齿类祖先的动物，而将它命名为东方晓鼠。科学家阐释其命名由来时说："东方晓鼠的发现对啮齿类的起源问题犹如东方旭日，朦胧欲晓了。"而近年在湖南衡东县早始新世地层中发现的钟健鼠的完整头骨，就更

加证实了这种论断。

◀️ 最古老的棘皮动物——海百合

海百合是棘皮动物中最古老的种类，最早出现于距今约4.8亿年前的奥陶纪早期。在漫长的地质历史时期中，曾经几度（石炭纪和二叠纪）繁荣。其属种数占各类棘皮动物总数的1/3。全世界现有620多种海百合，常分为有柄海百合和无柄海百合两大类。有柄海百合以长长的柄固定在深海底，那里没有风浪，不需要坚固的固着物。柄上有一个花

你知道吗

海水的盐分是怎么来的

海水所含的盐分各处不同，平均约为3.5%。这些溶解在海水中的无机盐，最常见的是氯化钠，即日用的食盐。有些盐来自海底的火山，但大部分来自地壳的岩石。岩石受风化而崩解，释出盐类，再由河水带到海里去。在海水汽化后再凝结成水的循环过程中，海水蒸发后，盐留下来，逐渐积聚到现有的浓度。

海百合图

托，包含了它所有的内部器官。海百合的口和肛门是朝上开的，这和其他棘皮动物有所不同。细细的腕从花托中伸出，腕由枝节构成，且能活动，侧面还有更小的枝节，好像羽毛。腕像风车一样迎着水流，捕捉海水中的小动物为食。无柄海百合没有长长的柄，而是长有几条小根或腕，口和消化管也位于花托状结构的中央，既可以浮动又可以固定在海底。浮动时腕收紧，停下来时就

用腕固定在海藻或者海底的礁石上。腕的数量因海百合的种类而不同，最少的只有 2 条，最多的达到 200 多条。每条腕两侧都生有小分支，状如羽毛。每条腕都有体条带沟，有分支通到两侧的小枝上。沟的两侧是触手状管足，并有黏液分泌。海百合是典型的滤食者，捕食时将腕高高举起，浮游生物或其他悬浮有机物质被管足捕捉后送入步带沟，然后被包上黏液送入口。

拓展阅读

石灰岩的应用

石灰岩主要是在浅海的环境下形成的。石灰岩按成因可划分为粒屑石灰岩（流水搬运、沉积形成），生物骨架石灰岩和化学、生物化学石灰岩。在石灰岩地区多形成石林和溶洞，称为喀斯特地形。石灰岩是烧制石灰和水泥的主要原料，是炼铁和炼钢的熔剂。

海百合一辈子扎根海底，不能行走。它们常遭鱼群蹂躏，一些被咬断茎秆，一些被吃掉花儿，落下悲惨的结局。在弱肉强食、竞争险恶的大海中，曾有一批批被咬断茎秆、仅留下花儿的海百合大难不死存活下来。因为它们终归不是植物，茎秆在它们的生活中并不是那么生死攸关。这种没柄的海百合，五彩缤纷，悠悠荡荡，四处漂流，被人称作"海中仙女"。生物学家给它另起美名——"羽星"。羽星体含毒素，许多鱼儿不敢碰它。可仍有一些不怕毒素的鱼，对它们毫不留情，狠下毒手。为了生存，它们只好大白天钻进石缝里躲藏起来，入夜才偷偷摸摸成群出洞，翩翩起舞。它们捕食的方法还是老样子——腕肢迎向水流，平展开来，像一张蜘蛛的捕虫网，守株待兔，专等送食上门。

由于羽星可自由行动，身体又能随环境改变颜色，它们便成了海百合家族中的旺族，现存 480 多种。它们喜欢以珊瑚礁为家，因为那儿海水温暖，生物种类繁多，求食也容易。而那种有柄的海百合，适应能力差，不能有效保护自己，数量也就日渐稀少，现仅存 70 多种。

　　海百合在死亡以后，这些钙质茎、萼很容易保存下来成为化石。由于海水的扰动，使这些茎和萼总是散乱地保存，失去了百合花似的美丽姿态。但如果它们恰好生活在特别平静的海底，死亡以后，它们的姿态就会完整地保存下来成为化石。由于这种环境比较苛刻，所以这样的化石十分珍贵，不仅为地质历史时期的古环境研究提供重要的证据，也逐渐成为化石收藏家的珍品，甚至被当作工艺品摆放。

　　在海百合类繁盛时期形成的海相沉积岩中，海百合化石非常丰富，甚至可以成为建造石灰岩的主要成分，但所见到的，多为分散的茎环。海百合化石的主要成分是单晶的方解石，通常是白色的，有时会混入三价铁离子，呈现鲜艳的红色，在青灰色围岩的衬托下十分美丽。含海百合化石十分丰富的灰岩被地质学家称为海百合茎灰岩。一些当地的居民开采出这些岩石，磨制成各种各样的工艺品，美其名曰"百合玉"，深受人们的喜欢。

海洋生命进程的见证者

经科学家考证，一般认为，在真核细胞的绿色植物出现以后，光合作用的功能得到了增强，海洋里的生物量逐步增加，大气中的氧气也逐渐增多，为真核生物的加速进化提供了条件。

现在的化石材料表明，最早的真核生物大抵出现在18亿~14亿年前。这些化石都产于沉积岩，表明真核生物也是在海洋中进化出来的。从34亿年前到18亿~14亿年前，是原核生物进化的时期。经过的时间很长，达20亿年左右，但进化的速度很缓慢。真核生物出现以后，出现了真正的性别，进化的速度也大大地加快。在大约10亿年前开始出现了多细胞的动物，到了距今5.7亿~5亿年的寒武纪，海洋里已长满了多种海藻，而且带骨骼的各门类的无脊椎动物也出现了，以后又出现了脊椎动物。在前寒武纪的末期，大气上层逐步出现和形成臭氧层，为生物上陆生活创造了条件。

鱼类的祖先——文昌鱼

在我国东南沿海一带海域，至今还生活着一种身体半透明的小动物，因为它首先在我国文昌县被发现，所以叫文昌鱼。体形像海鳗，呈纺锤形，成体体长42~47毫米，细长侧扁，两头尖尖，国外常称其为"双尖鱼"或"海矛"。活鱼体色稍带粉红色，全身半透明，可以看到一节节的肌肉组成，以及身体背部的神经索。文昌鱼没有明显的头部，更没有集中的嗅觉、视觉、听觉等感觉器官。文昌鱼的全身没有鳞片，没有偶鳍，没有骨质的骨骼，主要是脊索作为支持身体的结构。脊索像一条富有弹性的棒状物纵贯全身，这也是它归属脊索动物的依据。达尔文曾把这称为"最伟大的发现"，因为它"提供了揭示脊椎动物的钥匙"。它被视为动物界的珍宝，早在6亿多年前的古生代就已出现。直到现在，身体依然没有发生多少变化，仍保持着原始古老的特征。

知识小链接

脊椎动物

指有脊椎骨的动物，是脊索动物的一个亚门。这一类动物一般体形左右对称，全身分为头、躯干、尾三个部分，躯干又被横膈膜分成胸部和腹部，有比较完善的感觉器官、运动器官和高度分化的神经系统。包括鱼类、两栖动物、爬行动物、鸟类和哺乳动物等五大类。

文昌鱼是真正的鱼吗？不是！因为它没有脊椎骨，只有一条纵贯全身的脊索作为支撑身体的支柱，这条支柱代表了脊椎的先驱。在它以后发展起来的动物，像鱼、鸟、兽，以至于人都是脊椎动物。这些脊椎动物的器官和机能千差万别，但脊椎的构造基本相同。

在文昌鱼的基础上，随着进化的发展，出现了鱼类。鱼，有了一根真正支撑身体的大梁——脊梁骨（脊柱），埋藏在脊柱背面有一条柔软的脊髓和向前膨大所进化形成的脑。这新形成的高度发达的神经中枢，使动物空前地聪明了起来。鱼，有了鳍和尾巴，全身成为流线形，可以到处游来游去。它们成了当时地球上最高等的动物。它们的子子孙孙很快占据了全部江河湖海。在这以后的 5000 万年，可以叫作鱼的时代。

生活在现今江河湖海的鱼类，如鲟、鳇、鲤、鲫、鲨、鳐、鳓等，有的是它们的直系后代，有的是它们的近亲。鱼是怎样由水中登上陆地的呢？最早登陆的先驱究竟是哪一种鱼呢？大约在 3 亿年前的地层化石中，发现了一种奇怪的鱼化石——总鳍鱼。总鳍鱼有两大特点：一是它的胸鳍和腹鳍的骨骼排列方式和现在青蛙的四肢骨基本相同，这种强有力的鳍，便于在陆地上支撑和移动身体；二是它能用鳔直接呼吸空气。

◆ 最古老的脊椎动物——矛尾鱼

矛尾鱼最早可追溯到泥盆纪，属脊椎动物，鱼纲，矛尾鱼科。过去一直认为这是早在 50 万年前已灭绝的硬骨鱼类，1938 年 12 月 22 日，首次发现于非洲东南海岸，1952 年后，又陆续在非洲东南部海洋中捕获到 80 多尾，为总鳍鱼类中至今尚生存的唯一鱼类。

矛尾鱼体粗大，身长，长 1.5～2 米，最重一尾有 95 千克，体长 1.8 米，蓝色；下颌下部具有两大骨板，有颈板；体被大圆

你知道吗

硬骨鱼类

有颌类的一个支系，骨骼全部骨化或部分骨化为硬骨，体被硬鳞或骨鳞，鳃间隔退化，具鳃盖骨，鳃裂不直接开口于体外，鳔常存在，鼻孔一对，口位于头的前端，无鳍脚，体外受精，尾多为正尾。从志留纪晚期至今存在。

鳞；背鳍2个，偶鳍长，并具有肉叶，外有鳞片，内骨骼的排列近似陆生脊椎动物的肢骨；尾鳍中间叶状突出呈矛状，故称矛尾鱼；卵胎生；口内有齿，肉食性；栖息在200～400米的深海中。矛尾鱼能用鳔呼吸。

矛尾鱼示意图

最奇怪的是它的鳍。普通的鱼鳍里都没有肌肉，更没有骨骼，但矛尾鱼的鳍里却有很厚的肌肉。特别奇怪的是在它的一对强大的胸鳍和一对腹鳍里还有一段管状的骨骼。有肌肉就可以运动，这就说明了矛尾鱼的鳍已经在向可以运动的"手"和"脚"转化了，而鳍中的管状骨骼正是它们登陆所必需的"支撑架"。我们可以幻想一下，在很久很久以前，地球上因种种原因发生了惊人的变化，水体在逐渐减少、干涸，鱼类的生命受到了空前的威胁，一些勇敢者们尝试着离水登岸，虽然无数的鱼类前赴后继地倒下了，但一部分总鳍鱼还是挥动着还不太协调的鳍，顽强地向气候温暖潮湿、树木葱郁茂盛的地方走去。它们生存了下来，成为两栖类的祖先。而另一部分则选择了更深处的海洋，繁衍生息了下来，即我们发现的矛尾鱼。矛

拓展阅读

硬骨鱼类的体形特征

硬骨鱼是水域中高度发展的脊椎动物，广泛分布于海洋、河流、湖泊各处。其类型之复杂、种类之繁多为脊椎动物之首。其主要特点即在于骨骼的高度骨化，头骨、脊柱、附肢骨等内骨骼骨化，鳞片也骨化了。其头部骨骼分化为数目很多、都有各自名称的骨片。这些硬骨的来源，有从软骨转变来的软骨内成骨；也有从皮肤直接发生的皮肤骨，故硬骨是双源形成的。

尾鱼的身上所具有的从鱼鳍产生肌肉、骨骼并向四肢转变的特点，为陆地上的生物是从水里进化的理论提供了活的佐证。

近两年，矛尾鱼的数量有所减少，主要是由于当地渔民在沿岸附近海域捕鱼时误将矛尾鱼钩住。其实，矛尾鱼根本无法食用，它散发出的浓重的鱼油气味不仅令人倒胃，吃了还会引起胃病。渔民们讲，矛尾鱼唯一有用的东西就是坚硬的鳞片，可以取代日常生活中的砂纸。

其同族早已灭绝，唯有它幸存至今，是世界上仍存活的最古老的脊椎动物，对研究生物的演化有着重要意义，所以有"活化石"之称。

◤⊙ 揭秘鱼石螈

鱼石螈化石的发现为人类研究原始脊椎动物的进化提供了证据。那么，鱼石螈是如何发现的呢？

话要从头说起。与格陵兰岛隔海相望的有北极圈里另一个岛屿——斯瓦尔巴德群岛。1897 年，3 位瑞典人借助热气球从斯瓦尔巴德群岛出发，开始了北极探险，结果人员不幸失踪。此后两个夏季，由瑞典地质学家诺瑟负责又展开了两次搜索行动。第一年，他们在斯瓦尔巴德群岛沿海搜索，没有结果。第二年，他们来到了格陵兰岛的东海岸，在北纬 73 度附近，登上了人迹罕至的滨岸山地，尔后幸运地发现了一些鱼鳞片和鱼甲片化石。英国著名古生物学家伍德华德对这些化石进行了鉴定，认为是晚泥盆世地层中的肉鳍鱼鳞片和胴甲鱼甲片。1926 ~ 1927 年，丹麦地质学家科赫博士对格

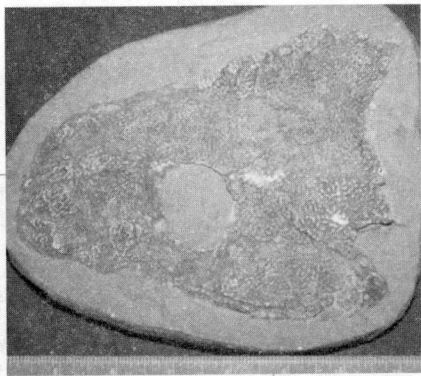

鱼石螈化石

陵兰岛东岸地区，特别是诺瑟发现的泥盆纪地层做了两次考察，但一无所获。1929 年，瑞典地质学家库霖博士加盟科赫组织的格陵兰岛科考活动，成功地采集到一大批脊椎动物化石，这批化石中就包括第一件鱼石螈化石。鱼石螈的发现引起了国际学术界和公众的极大兴趣，丹麦的媒体将它昵称为"四足鱼"。

鱼石螈是一种仍保留了某些鱼类特征的早期两栖类。它看起来有点像今天的蝾螈，长着一个扁平的头，拖着一个长长的尾巴。如果光看尾巴，它更像鱼，有尾鳍，有鱼鳞。但鱼石螈已经能够在陆地上爬行，并能用肺直接从空气中呼吸氧气。

基本小知识

两栖动物

两栖动物，由化石可以推断，它们出现在 3.6 亿年前的泥盆纪后期，直接由鱼类演化而来，这些动物的出现代表了从水生到陆生的过渡期。两栖动物生命的初期有鳃，当成长为成体时逐渐演变为肺，可以同时生活在陆上和水中。

根据化石所提供的信息，鱼石螈体长 60～70 厘米。它的身体骨骼各部位的比例与象海豹十分相似，但比后者小得多。它的发现为鱼类向两栖类演化学说提供了最重要的化石实证，科学家们也对它充满厚望，希望它成为真正的"四足"动物。但生物的进化远比想象中的复杂，最新的研究成果表明，鱼石螈的后肢并不强壮，主要作用也不是支撑身体和行走，而是像一对划水的桨，用于辅助游泳。根据对鱼石螈骨骼特征的研究，推测在水中它的长尾巴是主要的划水工具，而后肢起着桨和舵的作用。到了岸上，强壮的前肢是真正的运动工具，它们拖着整个身体，包括后肢和尾巴，一点一点向前爬行。也许这个形象与我们想象中的相差甚远，但它的确代表着一个重要的进化环节。

鱼石螈生活的时代距今已有 3.6 亿年，很长一段时间被认为是最早登陆

鱼石螈想象图

的脊椎动物，也是泥盆纪四足动物的唯一代表。1952年，与鱼石螈共生的棘螈被描述，格陵兰岛仍然是泥盆纪四足动物的唯一产地。古生物学家开始在世界其他地区寻找鱼石螈类化石。1977年，澳大利亚发现了一件被认为是泥盆纪四足动物的下颌标本。此后，比鱼石螈更早的四足动物化石陆续又在俄罗斯、苏格兰、拉脱维亚和美国被发现。这些化石的发现，将四足动物的历史往前推了 1000 多万年，并大大扩展了泥盆纪四足动物的地理分布。

最早的四足动物是从肉鳍鱼亚纲中的骨鳞鱼类演化而来（骨鳞鱼类与四足动物合称四足型动物），因此，探索四足动物的起源过程，一方面是沿着演化谱系向下寻找更原始的四足动物，另一方面是研究仍在水中生活的肉鳍鱼类，尤其是骨鳞鱼类化石。骨鳞鱼类最著名的代表是在加拿大发现的真掌鳍鱼。这是一种身体细长、肉食性的鱼类，有两个背鳍和一个上下对称的尾鳍，其头颅、上下颌的骨片式样，与早期两栖类已比较接近，偶鳍（胸鳍和腹鳍）的内部骨骼结构已具备四足动物肢体的雏形。我国虽然还没有发现如真掌鳍鱼那样进步的骨鳞鱼种类，但发现了最原始的骨鳞鱼类（四足型动物）——肯氏鱼。肯氏鱼保留了比较多的早期肉鳍鱼类的原始特征，与斑鳞鱼、杨氏鱼等发现于同一地区（云南曲靖），但生活的时代要稍晚一些，为距今约 3.9 亿年的早

肯氏鱼复原图

北京猿人头盖骨

泥盆世晚期。

1929 年，是一个值得纪念的"发现"的年份。这一年，在格陵兰岛发现了鱼石螈，在北京发现了第一个完整的北京猿人头盖骨。在过去的 70 多年中，早期的四足动物与它们的先驱——骨鳞鱼类化石被不断发现，对它们的研究已大大减少了鱼类与两栖类之间缺失的演化环节，鱼类如何登上陆地的基本格局已初步建立。另一方面，早期四足动物的化石资料仍很不完整，不少难解之谜有待古生物学家们通过新的化石发现来破解。

知识小链接

北京猿人

北京猿人，正式名称为"中国猿人北京种"，现在常称之为"北京直立人"，中国的直立人化石。北京猿人生活在距今大约 77 万年。遗址发现地位于北京市西南房山区周口店龙骨山。北京猿人大约在 60 万年前来到周口店，在这里断断续续地生活了近 40 万年。北京猿人的颧骨较高。脑量平均仅 1532 毫升。身材粗短，男性高约 156 厘米，女性约 144 厘米。腿短臂长，头部前倾。

"起死回生"的"活化石"——空棘鱼

1938 年 12 月 22 日，在南非小镇东伦敦海港的一条渔船上，一位在当地博物馆工作的年轻女孩拉蒂迈在挑拣标本时，发现了一条全身闪耀着逼人蓝光的怪鱼。与所有现存的鱼类不同，这条鱼身上覆盖着坚硬的鳞片，其肉质肢体状的鱼鳍很容易让人联想到陆生脊椎动物的四肢。

尔后，兴奋的拉蒂迈把鱼运回了博物馆请人鉴定。可谁都不认识，博物馆客座鱼类学家史密斯博士又恰巧外出度假。圣诞节前夕的南非天气炎热、潮湿，鱼身美丽的蓝色开始褪成褐色。如何保存这条大约 1.5 米长的怪鱼成为一个棘手的问题。镇上只有太平间和食物冷冻库具有足以容纳这条大鱼的冷藏设备。在请求帮助都遭到婉言拒绝后，拉蒂迈找来了少许福尔马林，用它将报纸浸湿后包裹鱼身，以延缓鱼体的变质。

空棘鱼

12 天之后，拉蒂迈的信终于到了史密斯的手中。通过拉蒂迈所画的粗略素描，史密斯一眼就认出，这是一类生活在远古时代的鱼——空棘鱼。它们在大约 6500 万年前就同恐龙一起灭绝了，人们对它们的了解也仅限于留在岩石上的片断记录。史密斯简直不敢相信自己的判断，立即拍电报给拉蒂迈，让她精心保管标本。遗憾的是，史密斯担心的最坏情况已经发生了。蓝色的怪鱼已成为一具标本，只保留下来皮肤和内部骨骼，而内部器官与组织都作为垃圾倾入印度洋中

广角镜

北京自然博物馆

北京自然博物馆是新中国依靠自己的力量筹建的第一座大型自然历史博物馆，主要从事古生物、动物、植物和人类学等领域的标本收藏、科学研究和科学普及工作。2009 年被国家文物局评定为国家一级博物馆。馆藏标本有相当数量为国家一、二类保护的动物植物标本，还拥有一定数量的模式标本以及具有特殊意义的珍贵标本。许多标本在国内、国际上都堪称孤品，包括世界闻名的古黄河象头骨化石、长 26 米的巨型马门溪龙、世界上最早鸟类之一的三塔中国鸟以及完整的整窝恐龙蛋化石等。

去了。

空棘鱼"起死回生"的故事很快在全世界掀起波澜。后据资料分析得出，第一条空棘鱼是在南非查郎那河河口外捕获的，当地水深约 70 米。后来，为了寻找第二条空棘鱼，史密斯夫妇花费了整整 14 年时间，走访了非洲东海岸所有的小渔村，并四处悬赏。1952 年，一个圣诞节前夕，空棘鱼在科摩罗群岛终于再次现身。为了尽快获得这条鱼，史密斯甚至惊动了当时的南非总理，动用军用直升机，最后还差点儿引起南非与法国间的纠纷，因为科摩罗当时是法国殖民地。在此以后，在科摩罗海域有近 200 条空棘鱼被捕获。科摩罗政府赠送给中国 4 条，分别收藏在中国科学院古脊椎动物与古人类研究所的古动物馆、中国科学院水生生物研究所标本馆、上海自然博物馆和北京自然博物馆。1997 年，在距科摩罗有半个地球远的印度尼西亚，空棘鱼再一次被蜜月旅行中的美国青年尔德曼偶然发现。空棘鱼的地理分布也成为新的需要解答的谜团。

有关追踪空棘鱼的故事很多，每一位见过空棘鱼的人，都会被它深深吸引。是空棘鱼把我们带回到逝去的年代，告诉我们 4 亿年前我们的祖先是什么模样，它们在水中是怎样生活的。

4.1 亿～3.8 亿年前，地球上最高等的动物是在水中漫游的肉鳍鱼类，包括人类在内的四足动物就是从这类鱼中演化而来的。肉鳍鱼类与形态各异、种属繁多的辐鳍鱼类同属于硬骨鱼纲中两个独立的亚纲。肉鳍鱼类虽

肉鳍鱼类标本

然直接关系到四足动物的起源，然而现生种类却非常有限。在空棘鱼被发现之前，我们只知道 3 种生活在南半球的肺鱼，其他资料都来自化石记录。空棘鱼是肉鳍鱼类中非常保守的一个支系，在演化的历史长河中，它们的体形

几乎没有太大的改变。这是史密斯根据拉蒂迈的一张草图就能辨认出是空棘鱼，并称它为"活化石"的原因。

➡ 走近人类密友——辐鳍鱼类

在各种有关生物演化的书籍中，介绍辐鳍鱼类知识的不多。因而除了少数专业研究人员和业余爱好者，人们对辐鳍鱼类的了解并不多。实际上，辐鳍鱼类是脊椎动物中演化最为成功的类群之一，而且与人类的日常生活密切相关。

知识小链接

硬骨鱼纲

脊椎动物亚门的一纲，有肺鱼亚纲、总鳍鱼亚纲及辐鳍鱼亚纲。至少有一部分真正的骨。头骨有骨缝。牙齿常与骨骼愈合。鳍条常有源于皮层的节。每侧常有两个鼻孔。上颌咬缘常由膜骨类的前颌骨与上颌骨形成。常有鳔或功能似肺的鳔。仅少数较低等的科类肠有螺旋瓣膜。体内受精的种类相当少。

在动物分类上，辐鳍鱼类属于硬骨鱼纲。硬骨鱼纲包括肉鳍鱼和辐鳍鱼两大类，两者的演化历程截然不同。肉鳍鱼类对整个脊椎动物的演化而言，是一个举足轻重的类群，后来出现的四足类脊椎动物，就是从肉鳍鱼类中演化出来的。而辐鳍鱼类则是鱼类自身演化道路上的主干，是地球水域真正的征服者。

辐鳍鱼类是当今最为繁盛的脊椎动物。由于每年都有不少新的属种发现，而且还有难以估量的未知种类，如生活在热带淡水水域和深海海域的鱼类，因此谁也无法准确统计出世界上到底有多少种辐鳍鱼类。据纳尔逊 1994 年的资料，现代的已知鱼类约有 24 618 种，占脊椎动物物种总数 48 170 的一半以上，其中辐鳍鱼类约有 23 681 种，占鱼类种数的 96% 以上。如果再加上地质历史时期的化石种类，辐鳍鱼类的数目肯定是大得惊人。据道金斯 1995 年的粗略估计，地球上曾经生活过的物种应在 30 亿种以上，而现今的物种可能不及这一总数的 1%。

辐鳍鱼类除了属种众多的特点，在形态、栖息地及生活习性等方面，都表现出了极大的多样

辐鳍鱼类标本

性。鱼类的体形可以从线形到球形，色彩从平淡无奇到艳丽无比，运动姿势从优美动人到丑陋怪异。鱼类的栖息地几乎包括了所有能够想象得到的水域环境，从海拔 5000 米以上的青藏高原湖泊到 7000 米以下的大洋深处，从淡水到含盐量达 10% 的卤水，从冰天雪地的南极到水温达 44°C 的温泉。辐鳍鱼类的生活习性也是千奇百怪，居所从定居、洄游到远洋漫游，对后代的抚养从"含在嘴里怕化了"到"危在旦夕"而不顾，与其他生物的关系从平等互利、互不干涉到弱肉强食，不一而论。

我们所知道的世界上最早的辐鳍鱼类化石发现于晚志留世的地层中，距今已有 4.2 亿年左右。晚志留世和泥盆纪的辐鳍鱼类还很稀少，目前已知的属种屈指可数。进入早石炭世以后，辐鳍鱼类开始了第一次大发展，迅速辐射发展出许多形态各异的新类群。早期的原始辐鳍鱼类体内骨骼主要是软骨，体表一般被有菱形的厚

拓展阅读

温泉的形成

温泉的形成，一般而言可分为两种。一种是地壳内部的岩浆作用所形成，或为火山喷发所伴随产生，因地壳板块运动隆起的地表，其地底下还有未冷却的岩浆，均会不断地释放出大量的热能。由于此类热源之热量集中，不仅会受热成为高温的热水，而且大部分会沸腾为蒸汽。二则是受地表水渗透循环作用所形成。也就是说当雨水降到地表向下渗透，深入到地壳深处的含水层形成地下水。

重鳞片，因此以前把它们泛称为软骨硬鳞鱼类。近百余年来，先后发现和记述的软骨硬鳞鱼类累计约有60科近300属，其中除了下一节将要介绍的鲟形鱼类外，其余全是早白垩世晚期以前灭绝的化石种类。

在古生代与中生代之交，辐鳍鱼类经历了一次重要的新老更替。有近20科的古老鱼类在交替之际灭绝，同时有大致等同数目的新类群产生。早中生代三叠纪的鱼类大多不同程度地具有一些比古老软骨硬鳞鱼类进步的特征，如上颌从固定逐步转为可以活动，尾鳍从歪形尾到半歪形尾等。但是，三叠纪的鱼类大部分仍是过渡性质的鱼类，不少类群仅限于三叠纪，有的可延续到早侏罗世。

知识小链接

全骨鱼类

全骨鱼类在进化阶段上介于软骨硬鳞类和真骨鱼类之间的辐鳍鱼类，在分类学上作为辐鳍鱼亚纲的一个次纲，从晚二叠世开始出现，侏罗纪最繁盛，从白垩纪开始大为衰退，生存至今的仅有雀鳝和弓鳍鱼。前者生活在北美、中美及古巴淡水中，后者生活在北美各大湖及河流中。

中生代时期占主导地位的辐鳍鱼类是所谓的全骨鱼类。全骨鱼类虽然体表仍然被有菱形硬鳞，但体内已有不少软骨骨化。头部骨骼，尤其是上下颌和颊部骨骼发生了巨大的结构变化，尾鳍一般是半歪形尾，有的甚至已经是正形尾。全骨鱼类从晚二叠世开始出现，晚三叠世到早白垩世较为繁盛，除了雀鳝和弓鳍鱼延续至今，其余约120属均已灭绝。

辐鳍鱼类中真正取得巨大成功的鱼类是真骨鱼类。与所谓的软骨

雀　鳝

硬鳞鱼类和全骨鱼类不同，真骨鱼类是严格按照鱼类的系统发育关系确立的自然类群。现今的真骨鱼类主要是依据尾骨骼和前上颌骨等几个特征定义的，因而除了传统含义的真骨鱼外，还包括了一部分原来归入全骨鱼类的类群，如叉鳞鱼类、针吻鱼类、厚柄鱼类。

真骨鱼类从晚三叠世开始出现，侏罗纪和白垩纪早期主要是原来归入全骨鱼类的一些类群较为繁盛，白垩纪晚期出现了不少传统真骨鱼类的早期类群，但新生代才是真骨鱼类爆发式辐射发展的阶段。据帕特森 1993 年发表的统计资料，真骨鱼类包括 494 科，其中灭绝的有 69 科，现生的有 425 科。

拓展阅读

鲤形目

该目鱼类体前端 4~5 椎骨已特化与内耳联系，成韦伯氏器，口常能伸缩，无齿，头无鳞，无脂背鳍。下咽骨镰刀状且有齿 1~4 行（双孔鲤科无齿；鳃膜条骨 3；左右顶骨互连；有肌隔骨刺即肌间骨），有或无圆鳞，须有或无。终生不入海，主要分布于亚洲东南部，其次为北美洲、非洲及欧洲。

在现生的真骨鱼类中，以鲱形目、鲤形目、鲑形目、鳕形目、鲈形目和鲽形目鱼类最具经济价值。其中鲈形目的种类最多，除鲤形目分布于淡水，鲑形目多为溯河性鱼类外，其他各目主要分布于海洋。当今渔业产量以鲱形目和鳕形目最高，两者合计占世界渔业总产量的一半。我国近海的海生真骨鱼类有 2000 多种，淡水鱼类 700 多种。

神秘的旋齿鲨

在形形色色的古生物世界里，有一种充满神秘色彩的动物，它的名字叫旋齿鲨。多年来，人们所能见到的只是它奇妙的、螺旋排列的牙齿（古生物学称之为"螺旋齿"），真正完整的骨架目前还没有发现，因此，它的"神秘"引起了很多古生物专家及古生物爱好者的关注。

旋齿鲨生存于二叠纪至三叠纪（距今 2 亿～3 亿年前）的海洋中，属鲨鱼类，是一种早已绝迹的古老软骨鱼类。

俄罗斯的古生物学家卡尔宾斯基是第一位发现旋齿鲨化石的专家，他于 1899 年在乌拉尔山上采到了一件精美的螺旋齿化石。当时，他很疑惑，不知螺旋齿应该长在鱼体的哪个部位——在上颌？在下颌？上下颌都有？还是在尾部？在背鳍？或是背部中央？一年以后，美国古生物学家伊斯特曼就螺旋齿的来源和位置提出了两个主要推测：①螺旋齿来源于鲨鱼或鳐鱼的颌骨；②螺旋齿位于背部中央，背鳍的前部。

螺旋齿是做什么用的？1952 年俄罗斯古鱼类学家奥勃鱼切夫提出：如果螺旋齿位于下颌，只能妨碍鲨鱼进食，因此应长在上颌，充当防护装置，好比动物头部的一个减震器。1995 年，澳大利亚帕斯市古脊椎动物馆馆长出版了《鱼类的兴起：五亿年的演化》一书。书中有一张假设的插图，描绘旋齿鲨的下颌向下卷曲成螺旋状，上面牙齿密布。想象旋齿鲨可以解开下颌，当作鞭子使用，抽打被捕食的动物，并将猎物钩在凸出的牙齿上。他还认为，旋齿鲨将下颌旋转起来，是为了模仿一种叫作菊石的古贝壳类动物（当时数量很多），以达到引诱和捕获猎物的目的。

关于螺旋齿的生长，美国一位泥盆纪鲨鱼专家曾提出了两种理论：一种理论认为螺旋齿的基部在生长过程中紧连在一起，新的和老的牙齿推着向外生长，就像长在肉中的指甲一样，这样可以防止牙齿脱落。另一理论认为螺旋齿的大小与支撑它的颌骨成正比，而且只有

旋齿鲨

鱼体长到足够大时才能出现螺旋齿。

其后，陆续发现了和颌骨连在一起的标本，确定了这种螺旋齿是生长在鲨鱼左、右下颌骨或左、右上颌骨联合的地方，使关于螺旋齿位置和用途的争论终于告一段落。

拓展阅读

旋齿鲨科

旋齿鲨科是软骨鱼纲、板鳃亚纲中一个已绝灭的奇特类群，化石发现于石炭纪至三叠系。旋齿鲨类的牙齿化石整体为扁平的环圈形，从内向外，单个牙齿衔接成列，内圈牙齿小，向外圈逐渐增大。长期以来对这类牙齿的着生部位意见不一，但多认为是着生于上、下颌的左右颌骨联合处。

1962年，旋齿鲨化石在中国首次发现于浙江长兴县，我国古鱼类学家将其命名为长兴中国旋齿鲨，是新属新种。1975年春，在海拔4600米的珠穆朗玛峰上又发现了一件珍贵的旋齿鲨化石，其螺旋齿是弧形的，位于三叠纪地层中，命名为中国旋齿鲨珠峰种。鲨鱼是软骨鱼类，它们的骨骼一般不能石化而形成化石，只在某种特殊的情况下，软骨出现钙化现象，才使得一些骨骼的形状和构造被保存下来。所以，想见到旋齿鲨的完整结构如同大海捞针一样艰难。幸运的是，珠穆朗玛峰的旋齿鲨标本保存了较好的脑颅眶前部分。因此，专家们推测出了它的大致图像：嘴巴很长，那个漂亮的弧形齿列就长在下颌当中，齿列两旁还长着碾压型的侧齿。从这些侧齿的性质来看，它很可能是吃带硬壳的无脊椎动物为生的，下颌当中的齿列用来切断较大的食物。

旋齿鲨化石在北美、挪威、俄罗斯、日本、格陵兰、澳大利亚等地都有发现，可见，它在海洋中的分布非常广泛。到二叠纪晚期旋齿鲨开始逐渐减少，至三叠纪时就已寥寥无几了。目前，我们对旋齿鲨的了解只是凤毛麟角，更多的秘密还封存在古老的岩石中，等待着专家、学者和古生物爱好者的研究与发现。

🔾 甲胄鱼类大探秘

脊椎动物虽然在距今 5.3 亿年的早寒武世就已出现，但很长一段时间里，这些全身裸露的原始鱼形动物并未得到发展，古海洋中仍然是无脊椎动物的天下。在距今 4.4 亿年前的奥陶纪末期，由于大规模的冰川活动，地球上发生了一次生物大灭绝事件。躲过这场浩劫的古鱼类在志留纪时开始了分化，泥盆纪时达到了演化的鼎盛时期。因此，志留纪和泥盆纪被称为"鱼类时代"。

在 4.3 亿年前的志留纪，最早分化的是甲胄鱼类。这是一些全身披上"甲胄"的古鱼类。当然，这里所说的"甲胄"并非古代将士戴在头上的头盔和披在身上的金属护身衣，而是一种含钙质成分的骨质甲片。甲胄鱼类属于脊椎动物的最原始类型——无颌类。它们还没有演化出上下颌，没有骨质的中轴骨骼或脊柱，通常靠滤食海洋中的小型生物或微生物为生，有时候可以吮食人型动物的尸体，主动捕食能力非常差。

甲胄鱼类主要包括 3 个大的演化支系：骨甲鱼类、异甲鱼类和盔甲鱼类。前两个支系分布在欧洲、北美和西伯利亚等地，而盔甲鱼类为中国和越南所特有。盔甲鱼类身长一般不超过 30 厘米，一块完整的盾状甲包裹着头的背面，并折向腹面形成腹环。眼睛长在头甲的背面或侧面；鼻孔有细长形的、横椭圆形的和心形的，大小不等，但无一例外在头甲的背面；口与数目不等的鳃孔则长在头的腹面。

骨甲鱼类示意图

有的头甲还"装备"很长的吻突，可以用来进攻、恐吓其他动物，或者用来挖掘水底的淤泥。盔甲鱼类有一个尾鳍，但没有成对的胸鳍或腹鳍。它们是一种底栖的脊椎动物，生活在滨海或与海相连的河口之中，迁徙能力很差，可以为恢复古地理环境提供重要证据。

过去根据古地磁、古生物等证据，曾认为华南与华北两个板块相距十分遥远。但盔甲鱼类的化石记录表明，在大约4亿年前，华南板块（包括越南北方）、塔里木板块和华北板块相互之间已经靠近，它们共同组成了一个华夏早期脊椎动物地理区系。

从无颌类衍生出来的是有颌脊椎动物，包括4个大的类群，即盾皮鱼类、棘鱼类、软骨鱼类和硬骨鱼类。颌的出现是生命史中的一次革命性的事件。由鳃弓演变过来的上下颌提高了鱼类的取食和咀嚼功能，因而增强了它们的生存竞争能力。

广角镜

恐鱼

恐鱼是盾皮鱼纲、节颈鱼目的典型代表。可长达12米多，嘴张开时有1米多宽，比现在的鲨鱼还要大还要凶狠。从化石来，其上下颌可自由活动，颌骨非常强壮，牙齿尖锐锋利，可见当时的动物只要被它捉到，就不可能生还。我国四川江油出土过一种1米多长的恐鱼。

以恐鱼为代表的盾皮鱼类也是一种戴盔披甲的鱼类，泥盆纪时曾盛极一时。3.6亿年前的古海洋中，身长10米的恐鱼是一个巨无霸。它的头和躯干的前部都披有厚重的"甲胄"，甲胄长度可达3米。上下颌强壮的骨板形成了剪刀式的锐利刀刃。凡是被恐鱼捕捉到的其他鱼类，都很难逃脱被吃掉的厄运。

盾皮鱼类笨重的甲胄虽然可起到自我保护作用，但付出了灵活性降低的代价。在生命史中，盾皮鱼类虽成为泥盆纪古海洋的主宰，但终究是昙花一现，在3.5亿年前泥盆纪结束的时候，与它们的祖先甲胄鱼类一道全部退出了演化的舞台。

棘鱼类是另一类古老的鱼类，长得像黄花鱼，个体不大，体长不超过30

厘米。它的鳍非常特殊，与任何鱼类的鳍都不一样，所有鳍叶的前方都有一根相当强壮的鳍刺，其上还有像雕刻出来的纵向花纹。沿身体的腹侧，在胸鳍和腹鳍之间，还有几对附加的小鳍，同样由鳍刺支持。"棘鱼"的名字也由此而来。棘鱼类始终没有真正发展起来，在4亿年前曾达到其演化的顶峰，之后逐渐衰落，到2.7亿年前的古生代末期全部灭绝。

体盔甲 ●

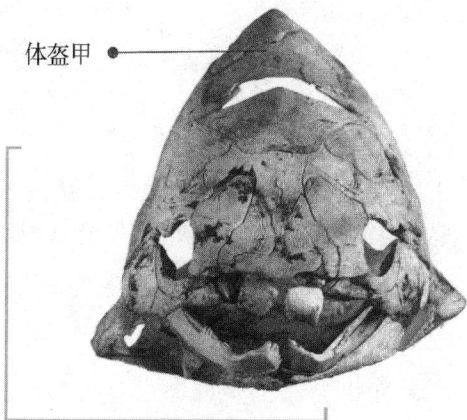

盾皮鱼类标本

软骨鱼类和硬骨鱼类是有颌类中获得成功的两个大的支系。软骨鱼类包括各种鲨类和鳐类，中国4.3亿年前的志留纪地层中，曾发现最早的软骨鱼类化石。硬骨鱼类是今天地球上水域的统治者，现在已经到达了它们演化历史的极盛时期。现生的脊椎动物大约有5万种，硬骨鱼类中的辐鳍鱼类就占了其中的一半。在鱼类繁盛的泥盆纪，硬骨鱼类还处于演化的早期阶段。这个时期，辐鳍鱼类的化石相对比较少。硬骨鱼类中的另一支——肉鳍鱼类倒是获得了辐射式的发展，并在3.6亿年前演化出了四足动物。

知识小链接

软骨鱼纲

软骨鱼纲是脊椎动物亚门的一纲。世界有13目49科158属约837种，中国有13目40科90属约202种。内骨骼完全由软骨组成，常钙化，但无任何真骨组织；外骨骼不发达或退化。体常被盾鳞，肠短，无鳔。

邓氏鱼咬合力有多大

邓氏鱼生存于志留纪晚期—泥盆纪晚期，生活在较浅的海域，拥有异常旺盛的食欲，使它成为当时最强的食肉动物。古代鲨鱼、头足类（鹦鹉螺、菊石），甚至自己的同类，都是它的食物。拥有如此旺盛食欲的邓氏鱼，却一直经受着消化不良的困扰，在发现的化石周围，经常能发现一些被回吐的、半消化的鱼的残骸。同时，也能发现一些邓氏鱼从胃部反刍出来的不能消化的食物残渣，比如其他盾皮鱼类的头甲和软体动物的碳酸钙质的外壳等。

邓氏鱼的外貌给人以异常凶猛的感觉。强壮的类似于鲨鱼纺锤形的身躯更接近现代鱼类的体形。头部与颈部覆盖着厚重且坚硬的外骨骼。虽然是肉食性鱼类，但无牙，代替牙的是位于吻部的头甲赘生，如铡刀一般，非常锐利，能切断、粉碎任何东西。色素细胞显示，邓氏鱼背部颜色较深，腹部呈银色。体长 10 米左右，体重约 4000 千克。

广角镜

头足类

软体动物门头足纲所有种类的通称，现存约 650 种，全部海产，如章鱼、乌贼、鹦鹉螺、枪乌贼等。从近岸到远海，表层到 4500 米以下深处都有分布。盐度较低的水中罕见，波罗的海海水含盐低，无头足类，但苏伊士运河有。灭绝的种类多于现存种，在古生代末和中生代达高峰，最知名的如菊石和箭石。头足类和腹足类的亲缘关系最近。

研究证明，邓氏鱼可以在五十分之一秒的时间内迅速地张开自己的嘴，然后快速将猎物吞入口中，几乎很少有鱼类能够逃脱这种强有力而且快速的咬合。对于生活在海洋中的鱼类来说，既拥有强壮的力量，又拥有快而准的速度是非常困难的。邓氏鱼的牙齿在闭合的一瞬间，所有的力量都会瞬间聚合在牙齿前端极小的区域内，每平方厘米可以产生高达 5300 千克的咬合力。现存物种中咬合力最强的是美洲鳄，咬合力可以达到 963 千克，但这与邓氏鱼的 5300 千克的咬合力实在无法相提并论。

邓氏鱼

为了精确地计算出邓氏鱼的咬合力，生物学家对邓氏鱼化石骨骼的肌肉组织进行复原，并制作了一个生物力学模型来模拟它的撕咬和运动，以验证其是否是地球上有史以来最有力的撕咬者。在研究过程中，生物学家还对邓氏鱼的化石进行了颌骨的肌肉复原。他们惊奇地发现，邓氏鱼的口腔机能非常独特，它依靠 4 个关节活动时产生的力量进行撕咬。这种独特的机能不仅可以产生极大的咬合力，还可以使得邓氏鱼以极快的速度来撕咬猎物。

可呼吸空气的鱼——肺鱼

肺鱼，有人认为是目前 6 种现存的和一些物种已灭绝的呼吸空气的鱼类的统称。肺鱼类的最早代表是泥盆纪中期的双鳍鱼。

肺鱼是硬骨鱼类的一个较小的类群（亚纲），也曾作为肉鳍鱼亚纲的一个目。化石记录始于早泥盆世，现生种类仅存 3 属 6 种，分布于澳大利亚、非洲和南美洲大陆。

肺鱼早期成员体形一般较长，通体有较厚的整列鳞，偶鳍呈叶状，尾歪型，脑颅骨化程度较高。肺鱼在晚泥盆世和石炭纪呈现高度的多样化，在头部长度、脊椎构造、齿板、齿脊形式（格局）等方面具有高度的分异，但在随后的 1.5 亿年中未见明显变化。可见的进化趋势包括骨化程度降低，头部

肺 鱼

颊区与躯体变短，奇鳍重新出现连续状态，鳞片变薄，呈圆鳞形。肺鱼腭方骨与脑颅愈合，翼骨在中线相遇，舌颌骨退化，不具悬颌功能，一般不具带齿的口缘骨骼，具特化骨板。前、后鼻孔分别位于口缘及口腔顶部。肺鱼叶状偶鳍内的支持骨为"原鳍型"，由一长列中轴骨及两侧辐状骨组成。

研究证明，现生的肺鱼主要生活于河流中，体长可达 1～2 米，脑颅骨化程度颇低，脊椎为软骨，鳞退化为骨质圆鳞。食性狭窄，以小型无脊椎动物与植物碎屑为主。其中，澳洲肺鱼分布于澳大利亚昆士兰地区的沼泽地带水域中。澳洲肺鱼具有单肺（鳔），鳃盖较大，缺氧时，可到水面用嘴吞进空气，压入肺（鳔）内，但不能完全脱离水生存。美洲肺鱼在南美大陆分布较广，但以巴拉圭地区浅水水域最为常见。非洲肺鱼被分为 4 个不同的种，主要分布于非洲赤道附近地区的河流和大湖中，北达塞内加尔，南至莫桑比克。非洲肺鱼和美洲肺鱼都有双肺，鳃盖相对较小，在河流完全干涸时在河床淤泥中做洞，以休眠状态度过长达 6 个月的干旱季节，完全脱离水，在空气中存活。在石炭纪和二叠纪沉积中，含有零散肺鱼化石的柱状泥质沉积表明，肺鱼在那时即以这种方式来度过困难时期。

肺鱼类在南半球大陆上的分布状况使一些地史学家认为这证明了过去南半球的各个大陆曾经有紧密的联系。但是也有的科学家认为，既然地质历史时期各种各样的肺鱼曾经遍布世界，那么现代肺鱼的分布情况只是代表了过去一度范围广阔的肺鱼栖息地在现代的遗迹。

肺鱼的存在为我们了解过去鱼类向原始的两栖类的过渡提供了参照。在动物行为学、胚胎发育学和软组织学方面，肺鱼与两栖动物有很大相似性。肺鱼有内鼻孔，有两个心室，美洲肺鱼的需氧供给大部分来自肺。肺鱼的幼体酷似蝌蚪，而且腹部有吸盘。由于缺乏现生总鳍鱼与肺鱼进行对照，而且肺鱼化石骨骼证据不足，所以很难确认肺鱼就是两栖动物祖先。

肺鱼有 4 亿多年的历史，是鱼类的老"祖宗"。世界上共有 3 种肺鱼，分别居住在美洲、澳洲和南美洲。其中南美洲肺鱼最为独特，它主要分布在亚马逊河和圭亚那河流等流域的沼泽中。

下面简单介绍几种不同区域的肺鱼。

◎ 澳洲肺鱼

澳洲肺鱼是 3 个地区肺鱼中最原始的。它们生活在昆士兰州的河流中，在旱季河流水量减少时就生活在一个个孤立的小水坑中，到水面上来呼吸空气，利用它那分布着许多血管的单个的肺进行呼吸。不过，这种鱼还不能离开水面生活。

肺鱼在旱季河流干枯时，可以钻进泥中，用分泌的黏液包裹自己，免遭灭顶之灾。就这样，肺鱼在自己的"蛋"中半死亡几个月，甚至于好几年。待河水再来，它再破"壳"而出，重获新生。

◎ 非洲肺鱼

非洲的肺鱼和南美洲的肺鱼则在它们栖息的河流完全干涸后还能够生存。当旱季来临时，这些肺鱼就钻进泥里并把自己包裹起来，只留下一到数个小孔与外界通气，以使自己能够进行呼吸。非洲人用土盖起来的房子里面可能

拓展阅读

肺鱼总目

肺鱼总目是脊索动物门、脊椎动物亚门、硬骨鱼纲、内鼻孔亚纲的一个总目。肺鱼的鳔的构造很像肺，可以进行气体交换，所以有人将肺鱼的鳔称为"原始肺"。肺鱼的名字也是由此而来的。肺鱼还有内鼻孔，它在水中用鳃呼吸，当河水干涸时，它们能钻进泥土里，用"肺"和内鼻孔呼吸。科学家们认为肺鱼是自然界中最先尝试的由水中转向陆地的动物。

带有肺鱼。在休眠状态下，肺鱼能存活达 4 年之久。与澳洲肺鱼不同的是，这两种肺鱼都有一对肺。

澳洲肺鱼

肺鱼呼吸空气的能力自然而然地使我们联想到，它们可能是鱼类和陆生脊椎动物之间的一个中间过渡环节。特别是澳洲肺鱼的偶鳍演化的外形很像是细细的腿，它们甚至可以用这样的偶鳍在河地或是水塘底部像走路似的移动身体，这样的身体结构和行为活生生地反映了陆生的四足脊椎动物的早期形态。

趣味点击　含动物名称的鱼

全世界有两万多种鱼，很多鱼名含有其他动物的名字，很有情趣。如虎鲨、豹纹鲨、狮子鱼、象皮鱼、马鲛、斑马鱼、鲸鲨，蝴蝶鱼、海蛾鱼、海蝎等。

与其他的鱼类家族相比，肺鱼类一直是一个不起眼的小家族。从这一支进化路线的主干发展出了角齿鱼属，它们在三叠纪和随后的整个中生代里曾经广泛分布在世界上大多数的大陆水域里。现代的澳洲肺鱼就是角齿鱼的直接后裔。

非洲的肺鱼和南美洲的肺鱼则是从肺鱼亚纲进化主干分化出去的旁支。非洲肺鱼的偶鳍退化成又长又细的鞭状，而南美洲的肺鱼偶鳍也显著缩小，成为相当小的附肢。

◎ 美洲肺鱼

美洲肺鱼长 70～80 厘米，最长可达 1 米。背上长有复瓦状排列的微小圆鳞，偶鳍呈桡状或鞭状，腹鳍则远距后方。其鳍无脊鳍、尾鳍、臀鳍的区别，一直围绕至尾端。

美洲肺鱼与非洲、澳洲肺鱼一样具有最原始、古老的生理构造特点。大部分骨骼终身是软骨，但保留着发育很好、包以厚鞘的脊索，肺内是螺旋瓣，这一点和软骨鱼类很相近。肺鱼的牙齿很特殊，呈两列大的厚板状，齿尖向前，肺鱼用它来砸碎水底动物的甲壳。呼吸器官除鳃以外还有肺，平时用鳃呼吸，缺氧时又能用肺呼吸。肺鱼的头颅很发达，但只有一部分硬骨化。肺鱼还有 5 对鳃弧，全部为软骨性。鳔有单鳔、双鳔之别，上面有网状隆起，由短的鳔管与食管相通。

一般鱼类都是在水中产卵，而肺鱼却把卵产在泥巢中，泥巢实际上就是从泥里掘出的长约 1 米的小隧道。雌肺鱼把卵排出后，由雄肺鱼负责看护。为了使后代有良好的生存环境，雄肺鱼的腹鳍一到繁殖期时，就长出了许多富有微血管的细长的丝状突起，血液中的氧气通过这些丝状突起释放到水中去，以利卵子的正常发育。

每当非洲旱季到来的时候，降水稀少，沼泽里的水干涸了。这时，肺鱼便立即钻进了泥地里，将身体蜷曲起来，直到尾巴快弯到头部为止。它身体的表皮上渗出一层黏液，使自己的身躯同泥洞间涂上了一层衬里。嘴的四角也由这种黏液结成了像个圆形的漏斗，留有一个小孔洞直通外面，让空气进到里面，用"肺"来进行微弱的呼吸。

肺鱼能在泥洞里生活上好几个月，不吃不喝，依靠自己体内储备的脂肪来维持生命。

雨季再次到来，非洲沼泽地带充满了水，肺鱼重新回到水里恢复那活跃的生命。这时，它就用鳃呼吸了。肺鱼为什么能在陆地上生活？因为肺鱼有一个特别的"肺"，这个肺相当于一般鱼的鱼鳔，不同的是，肺鱼的鳔和食管相通，像一个囊，里面分布了分支繁多的血管，能够像肺那样鼓动，吸进氧气和排出二氧化碳。肺鱼的口腔和鼻腔相通，这也是跟其他鱼类不同的。

肺鱼是最早尝试由水生转向陆生的动物，是生物进化史上的活化石。

揭秘 "水中熊猫" ——鲟鱼

几千年来，"龙"一直是中华民族的象征，帝王们往往自命是"真龙天子"，普通百姓也以"龙的传人"为自豪。然而，"龙"的原身到底是什么？这一千古之谜迄今仍有待解析。有人考证后推断，"龙"的原身应该是鲟鱼。

鲟 鱼

鲟鱼，在我国古代文献中又称鳣（zhān）、鲔（wēi）、鱏（xún）等，是古老而珍贵的活化石鱼类，有"水中熊猫"之称。目前现生的鲟鱼总共还有2科6属27种，我国有3属9种。现生的27种鲟鱼全是《濒危野生动植物种国际贸易公约》附录Ⅰ或Ⅱ所列物种，严禁或限制以商业为目的的国际贸易。我国境内的中华鲟、达氏鲟和白鲟还被列为国家一级保护的野生动物。1994年，我国曾发行过一套鲟鱼的特种邮票，入选的有国家一级保护的3种鲟鱼和我国最大的淡水鱼类——达氏鳇。

鲟鱼是"鲟形鱼类"不大严谨的通称。严格意义的鲟鱼，应仅指其中的鲟科鱼类。鲟形鱼类在分类上属于辐鳍鱼亚纲的鲟形目。目前所知的鲟形目，包括软骨硬鳞鱼、北票鲟、鲟和匙吻鲟4个科。

最早的鲟形鱼类软骨硬鳞鱼被发现于英国和德国的早侏罗世地层中，距今已有1.8亿多年。软骨硬鳞鱼是大中型的海洋鱼类，已知种类中最大的个体可达6~7米长。软骨硬鳞鱼的体形呈纺锤形，体内软骨极少骨化，体表裸露无鳞，尾鳍外形近呈正型尾，尾鳍上叶有菱形硬鳞。

也许在早侏罗世或更早的地质历史时期，软骨硬鳞鱼的某个近亲种类进入了亚洲的淡水水域。在海生的软骨硬鳞鱼灭绝以后，这一淡水鱼类的后裔中，一支在中亚和东亚北部地区繁衍生息了几千万年，到早白垩世晚期灭绝；另一支则逐步演变为现在的鲟形鱼类。已灭绝的一支即是北票鲟科鱼类，另一支包括了鲟科和匙吻鲟科鱼类。

北票鲟科鱼类自中侏罗纪开始出现，繁盛于早白垩世。这一时期的亚洲大陆是一个相对孤立的地区，西边有一狭长的海峡与欧洲分割，东边是宽阔的海域与北美洲相隔。在亚洲大陆内部，又耸立着东西走向的古秦岭和大别山，将这一与世界其他地区相对隔离的陆地分为南北两部分。因此，北票鲟科鱼类目前只发现于中亚和东亚北部地区。

北票鲟科鱼类是完全淡水生活的鱼类。

拓展阅读

鲟 科

鲟科有 4 属 23 种，中国有 2 属。鳇属鳃膜互连且游离，有 2 种，中国有 1 种。鲟属鳃膜连鳃峡，分离，有 16 种，中国有 6 种。匙吻鲟科仅有 2 属 2 种，匙吻鲟分布于密西西比河水系，中国产白鲟。鲟、鳇及白鲟（古名鲔），周初皇帝即用以祭祖祈福，视为食中珍品。

从目前已经发现的化石看，它们包括两个支系，可分别以我国的北票鲟和燕鲟为代表。北票鲟是我国最早发现的鲟形鱼类化石，个体较小，全长 20 厘米以上即可达到性成熟。北票鲟有别于其他鲟形鱼类的最显著特征是体表完全裸露无鳞，包括尾鳍上叶的菱形硬鳞也已全部退化。它的体形与现在的鲟科鱼类相近，身体腹面较为扁平，表明它很可能也是靠近水底活动的鱼类。

燕鲟是近年来新发现的奇特鲟形鱼类，个体略大于北票鲟，最大的全长有 1 米左右。燕鲟的体形侧扁，体内有不少软骨已经骨化，体表也裸露无鳞，尾鳍上叶的鳞片比软骨硬鳞鱼退化，但在鳍的末端仍残留了一些细小的硬鳞。

此外，燕鲟还有一个非常醒目的特征——很长的背鳍。燕鲟的背鳍长可达鱼体全长的1/3。燕鲟支系比北票鲟支系的属种更为丰富，在中侏罗世到早白垩世晚期的地层中都有化石发现。

鲟科和匙吻鲟科鱼类都是大中型的鱼类，如我国早白垩世的原白鲟全长已有1米以上。现生的种类更是水中的庞然大物，如我国四川渔民有"千斤腊子万斤象"的谚语。腊子即指鲟科的中华鲟，又指匙吻鲟科的白鲟。鲟科和匙吻鲟科的化石大多发现于河湖沉积的地层中，但现生的两种匙吻鲟科鱼类和大多数鲟科鱼类有洄游习性，一般是成鱼溯河而上，在上游产卵；幼鱼顺流而下，在下游和入海口育肥。

鲟科和匙吻鲟科鱼类的演化历史，至少可以追溯到北票鲟科鱼类繁盛的早白垩世。匙吻鲟科最早的化石是我国冀北辽西早白垩世的原白鲟，目前已知的鲟科最早代表是美国蒙大拿州晚白垩世的原铲鲟。原白鲟已经具有了匙吻鲟科鱼类的主要特征，但仍保留了不少原始鲟形鱼类的特征；而原铲鲟已经与现在的铲鲟十分相像，表明它并非是最早的鲟科鱼类。最早的鲟科鱼类化石也许在不久的将来，也能在东亚北部地区的早白垩世地层中发现。从鲟形鱼类的化石和分布看，东亚北部地区应该是北票鲟科、鲟科和匙吻鲟科鱼类的起源和演化中心。北美的鲟形鱼类化石，很可能就是在距今约9400万年前的晚白垩世，通过当时亚洲与阿拉斯加之间的陆桥，跨过白令海峡扩散到北美的鱼类的后裔。

鲟科鱼类的体形呈纺锤形，但腹部扁平，躯干部横切面呈五角形，口前有4

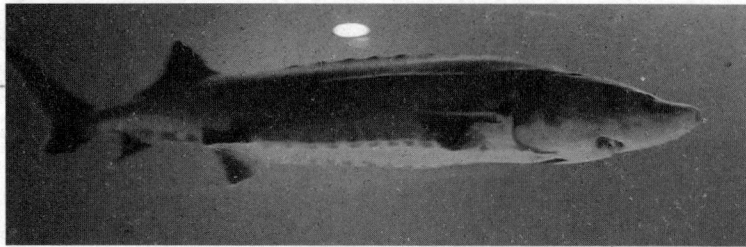

中华鲟

根吻须，体表有 5 行骨板——背中线 1 行，左右体侧和腹侧各 1 行，尾鳍为典型的歪型尾。推断鲟鱼为"龙"的原身，就是依据鲟科鱼类的这些特征，以及鲟鱼庞大的身躯和在大江大河中显身时"神龙见首不见尾"的神韵。现生的鲟科鱼类广泛分布于欧亚和北美不少江河及近岸海域中，我国有 2 属 8 种：中华鲟、达氏鲟、施氏鲟、库页岛鲟、西伯利亚鲟、裸腹鲟、小体鲟、达氏鳇。

匙吻鲟科鱼类的体形侧扁，吻部很长，口前吻须 2 根，体表裸露或有彼此不相关的齿状鳞片，尾鳍歪型尾或外形近呈正型尾。我们所知道的匙吻鲟科鱼类，仅见于东亚北部和北美，有一系列标本保存完好的化石代表。现今仍有匙吻鲟和白鲟两个种，分别分布于美国的密西西比河和我国的长江流域。

鲟形鱼类不但具有很高的学术研究价值，其经济价值也很高。鲟鱼的肉质细嫩，味道鲜美，营养丰富，尤其是鲟鱼卵制成的黑色鱼子酱，更是享誉世界的美味佳肴，在国际市场上素有"黑色黄金"之称。鲟鱼皮可制成优质特种皮革，鳔和脊索可制胶。

由于人类过度捕捞和鲟鱼栖息地遭破坏等原因，现生的 27 种鲟鱼大多已濒临绝灭。如我国特有的中华鲟，近代曾广泛分布于黄河、长江、钱塘江、闽江、珠江及近岸海域，目前在黄河、钱塘江、闽江均已绝迹，珠江数量也极少，仅在长江仍有一定数量。

鲟鱼的身体大，寿命长，性成熟晚，生殖周期长，产卵环境要求高，子鱼成活率低，因而种群一旦遭到破坏便很难恢复。如中华鲟的平均寿命 50 年以上，雄鲟需要 9 ~ 10 年，雌鲟需要 17 年以上才能进入繁殖期。

为了挽救这种恐龙时代的濒危活化石，世界各国纷纷开展了鲟鱼的研究，并采取了严格的保护措施和人工繁殖鲟鱼苗进行人工养殖和流放增

鱼子酱

殖。鲟鱼完全有希望与人类一起共享美好的未来。

最古老的甲壳动物——鲎

鲎（hòu），亦称马蹄蟹。肢口纲剑尾目海生节肢动物，共4种，见于亚洲和北美东海岸。虽又称马蹄蟹，但不是蟹，而与蝎、蜘蛛以及已绝灭的三叶虫有亲缘关系。鲎是一类与三叶虫（现在只有化石）一样古老的动物。鲎的祖先出现在地质历史时期古生代的泥盆纪。当时恐龙尚未崛起，原始鱼类刚刚问世，随着时间的推移，与它同时代的动物或者进化、或者灭绝，而唯独鲎从4亿多年前问世至今仍保留其原始而古老的相貌，所以鲎有"活化石"之称。

拓展阅读

三叶虫化石

三叶虫腹面的节肢极少保存为化石，迄今为止全世界已发现节肢化石的只有19个种。从奥陶纪到泥盆纪末的一些三叶虫进化出了非常巧妙的脊椎似的结构。在摩洛哥就发现了这样的化石。

鲎的身体分为以关节相连的三部分：宽阔马蹄形的头胸部、小得多的分节的腹部和一根长而尖的尾剑（尾节）。头胸部上表面光滑，隆起，侧面有一对复眼，中脊前端有一对能感受紫外线的单眼。头胸部的腹面有6对附肢：第一对称为螯肢，专门用以捕捉蠕虫、薄壳的软体动物和其他猎物；其他5对附肢围绕于口周围，其功能为步行和进食（步足）。每个步足的基节内侧有长刺，用以剥离食物并将其滚入口中。最后一对步足基节后面有一对退化的附肢，称为唇瓣。

食物进入磨胃（砂囊）后被磨碎。体内有一个大型的器官，称为肝胰腺，可将消化酶分泌入长形的胃肠内。主要的排泄器官为一对长形的基节腺，开口于第4对步足的基部。头胸部的神经节愈合成环状，围绕食管。生殖腺多分支，分布于体内大部分区域。头胸部附肢之后有一个横行的板状片（厣），覆盖着书鳃。书鳃有节奏地拍动并激起水流，以进行呼吸。虽然鲎可以背朝下拍动鳃片以推进身体游泳，但通常将身体弯成弓形，钻入泥中，然后用尾剑和最后一对步足推动身体前进。

鲎有 4 只眼睛。头胸甲前端有 0.5 毫米的两只小眼睛。小眼睛对紫外光最敏感，说明这对眼睛只用来感知亮度。在鲎的头胸

鲎 鱼

甲两侧有一对大复眼，每只眼睛是由若干个小眼睛组成的。人们发现鲎的复眼有一种侧抑制现象，也就是能使物体的图像更加清晰，这一原理被应用于电视和雷达系统中，提高了电视成像的清晰度和雷达的显示灵敏度。为此，这种亿万年默默无闻的古老动物一跃而成为近代仿生学中一颗引人注目的"明星"。

鲎为暖水性的底栖节肢动物，栖息于 20～60 米水深的沙质底浅海区，喜潜沙穴居，只露出剑尾。食性广，以动物为主，经常以小型甲壳动物、小型软体动物、环节动物、星虫、海豆芽等为食，有时也吃一些有机碎屑。

中国鲎在中国福建沿海从 4 月下旬至 8 月底均可繁殖。自立夏至处暑进入产卵盛期。大潮时多数雄鲎抱住雌鲎成对爬到沙滩上挖穴产卵。福州平潭每到农历六月，就有大量的鲎爬上岸，当地有民谚称：六月鲎，爬上灶。

春、夏两季，鲎通常于日落后在大潮的沙滩上产卵。每个雌鲎由一个或多个雄鲎伴随，在沙上挖一系列浅坑，每个坑中产卵 200～300 粒，然后雄鲎用精液将卵覆盖。一般产卵地点正好在高潮线下。数周后幼体从卵中孵出，以贮存的卵黄为营养来源。第二幼体期的个体已有一条短小的尾节，以小型动物为食，在泥滩中越冬。第三幼体期的个体形似微小的成体。幼体经蜕皮进入下一个幼体期，此时表皮围绕头胸部边缘裂开，然后脱落。每次蜕皮体长即增加约 25%，到 9～12 岁时约蜕皮 16 次达到性成熟。成体以海生蠕虫为食，身上常覆以各种带壳的生物。

海滩上的一对鲎

在繁殖季节，雌雄一旦结为夫妻，便形影不离，肥大的雌鲎常驮着瘦小的丈夫蹒跚而行。此时捉到一只鲎，提起来便是一对儿，故鲎享"海底鸳鸯"之美称。

美洲鲎分布于墨西哥湾沿尤卡坦半岛到美国的缅因州沿岸。南方鲎分布于印度、越南、新加坡、印度尼西亚。圆尾鲎分布于印度、孟加拉、泰国、印度尼西亚。中国广西钦州，海南儋州、临高、澄迈、海口地区沿海也有分布。

鲎的肉、卵均可食用，其壳、尾、卵、肉和血均可入药。

鲎的血液中含有铜离子，血液是蓝色的。这种蓝色血液的提取物——"鲎试剂"，可以准确、快速地检测人体内部组织是否因细菌感染而致病；在制药和食品工业中，可用它对毒素污染进行监测。科学家也使用鲎血研究癌症。

鲎在数亿年前出现并能够繁衍不衰，一方面是鲎自身的繁殖能力较强，另一方面鲎肉的口感较差，且鲎具有的特殊生理毒理性质，食用后容易发生机体过敏和中毒性休克等，所以一直以来极少被人们捕杀。然而近些年来，因有些人还没有真正认识到吃鲎对身体健康的危害性，一些小商贩在经济利益的驱动下进行盲目炒作和蓄意误导，致使这种古生物鲎资源遭到严重破坏。这种滥捕滥杀和对食用者生命安危于不顾的行为，应当引起人们的重视。

广角镜

鱼的眼睛

从鱼的眼睛和体长的比例来看，鱼眼比其他动物眼睛显得大。那么，鱼的眼睛构造又如何呢？我们可以拿照相机来比喻。鱼眼的水晶体相当于照相机的镜头，而眼内视网膜则相当于感光胶卷，物体光线通过水晶体成像于视网膜上而产生视觉。

▶️ 最原始典型溯河洄游性鱼类——中华鲟

中华鲟，又称鳇鱼，是一种大型的溯河洄游性鱼类，是我国特有的古老珍稀鱼类，是世界现存鱼类中最原始的种类之一，属国家一级保护动物。远在公元前 1000 多年前的周代，就把中华鲟称为王鲔鱼。中华鲟属硬骨鱼类鲟形目。鲟类最早出现于距今 2 亿年至 3000 万年前的早三叠世，一直延续至今，从它身上可以看到生物进化的某些痕迹。中华鲟生活于我国长江流域，别处未见，所以被称为水生物中的活化石，具有很高的科研价值，是长江中的瑰宝！

中华鲟隶属于硬骨鱼纲，辐鳍亚纲，软骨硬鳞总目，鲟形目，鲟科，鲟属。体呈纺锤形，头尖吻长，口前有 4 条吻须，口位在腹面，有伸缩性，并能伸成筒状，体被五行大而硬的骨鳞，背面一行，体侧和腹侧各两行。中华鲟个体较大，寿命较长，最长命者可达 40 龄。其性成熟较晚。

据研究，在产卵群体中，雄鱼年龄一般为 9～22 龄，体重 40～125 千克；雌鱼为 16～29 龄，体重 172～300 千克。据文献记载最大体重达 560 千克，是鱼类的庞然大物。因为它们是长江中最大的鱼，故又有"长江鱼王"之称。据观察，中华鲟平均增长速度：雄鱼 5～8 千克/年，雌鱼为 8～13 千克/年。但从幼鱼长到大型成鱼需 8～14 年。

拓展阅读

辐鳍亚纲

辐鳍亚纲是硬骨鱼纲下的一个亚纲级分类单位，也是现生的鱼类中种类最多、数量最大、分化最复杂的一类。有三个次亚纲：软骨硬鳞鱼次亚纲、全骨鱼次亚纲、真骨鱼次亚纲。本亚纲的划分只反映在辐鳍亚纲内的发展阶段，而并不是真正的系统分类，但这样三个发展阶段的分类方法对于了解辐鳍鱼类的演化历史概况是非常有用的。

中华鲟

一般认为中华鲟是淡水鱼类，它们是典型的溯河洄游性鱼类。

中华鲟平时栖息在海中觅食成长，开始成熟的个体于 7~8 月间由海进入江河，在淡水栖息一年，性腺逐渐发育，至翌年秋季，繁殖群体聚集于产卵场繁殖。产卵以后，雌性亲鱼很快即开始降河。产出的卵黏附于江底岩石或砾石上面，在水温 17~18℃ 的条件下，受精卵约经 5~6 昼夜孵化。刚出膜的子鱼带有巨大的卵黄囊，形似蝌蚪，顺水漂流，12~14 天以后开始摄食。再年春季，幼鲟渐次降河，5~8 月份出现在长江口崇明岛一带，9 月以后，体长已达 30 厘米的幼鲟陆续离开长江口浅水滩涂，入海肥育生长。

中华鲟是底栖鱼类，虽然个体庞大，但却摄食"斯文"，食性非常狭窄，属肉食性鱼类，主要以一些小型的或行动迟缓的底栖动物为食，在海洋主要以鱼类为食，甲壳类次之，软体动物较少。河口区的中华鲟幼鱼主食底栖鱼类蛇鲻属和鲥属及鳞虾和蚬类等，产卵期一般停食。

你知道吗

"四大海产鱼"指的是什么鱼

"四大海产鱼"指的是鳓鱼、大黄鱼、小黄鱼、带鱼，其中鳓鱼属于鲱形目鲱科，大黄鱼、小黄鱼属于鲈形目石首鱼科，带鱼属于鲈形目带鱼科。

据统计，长江上游每年可产中华鲟两三万千克。但近年来捕捞过多，加之繁殖率低、成熟期长（10 年左右），其种群数量已日趋减少。为使这种我国特产的"活化石"免遭灭顶之灾，有关部门已把中华鲟列为保护对象。但有些具体问题仍有待解决。譬如长江葛洲坝水利枢纽建成后，切断了中华鲟由海口上溯金沙江生殖洄游的通道，以致那些大腹便便的母鲟，被阻于坝下而丧身。如何解决坝区的鱼道问题已迫在眉睫。可喜的是,有关中华鲟的人工繁殖和放流工作已试验成功。如若通过具体实践,使中华鲟能在淡水中定居并繁衍后代,那就更有现实意义了。

◆ 侏罗纪时期的巨型鱼类——利兹鱼

利兹鱼是身长20米的巨型侏罗纪时期鱼类,它可用大嘴过滤水中的浮游生物。利兹鱼化石是由业余化石收集者艾弗列利斯在英国彼得布鲁附近的土石矿场发现的。后来以艾弗列利斯的名字命名为利兹鱼。

利兹鱼是一种巨大的鱼,能使海洋中所有其他动物都显得矮小,但它是一位温和的"巨人",靠小虾、水母和小鱼这些浮游动物为食。它能缓慢地游过大洋的上层水体,吸入满满一口富含浮游生物的水,然后通过嘴后部巨大的网板把它们筛出来。它的进食习惯类似于现代的蓝鲸,蓝鲸也只靠浮游生物为食。它们可能做长距离的旅行,寻找世界的某个地区,在那里有浮游生物因季节原因聚集成一大团浓稠的营养汤。利兹鱼所生活的侏罗纪的海洋仍是一个危险的地方。尽管它身躯庞大,却没有专门防御措施抵御掠食者,比如滑齿龙和地栖鳄。

拓展阅读

鳔与鱼类生活环境的关系

生活在不同环境的鱼类,鳔的发达程度也不同。底栖生活的鱼,鳔很小,如泥鳅、鲶鱼等;生活在山溪急流中的平鳍鳅,鳔亦十分退化;海底生活的比目鱼无鳔;有些深海鱼类的鳔退化成贮藏脂肪的器官,如墨西哥灯笼鱼。一般生活在水深500米以内的鱼类,都有发达的鳔,但生活在这一水层的快速游泳的鱼类则无鳔,因为鳔调节鱼体相对密度速度较慢,如果有鳔将影响它们的快速运动。

水陆无阻说两栖

　　两栖动物是最原始的陆生脊椎动物，既有适应陆地生活的新的性状，又有从鱼类祖先继承下来的适应水生生活的性状。多数两栖动物需要在水中产卵，发育过程中有变态，幼体（蝌蚪）接近于鱼类，而成体可以在陆地生活。但是有些两栖动物进行胎生或卵胎生，不需要产卵，有些从卵中孵化出来几乎就已经完成了变态，还有些终生保持幼体的形态。

　　两栖动物最初出现于古生代的泥盆纪晚期，最早的两栖动物牙齿有迷路，被称为迷齿类，在石炭纪还出现了牙齿没有迷路的壳椎类，这两类两栖动物在石炭纪和二叠纪非常繁盛，这个时代也被称为两栖动物时代。在二叠纪结束时，壳椎类全部灭绝，迷齿类也只有少数在中生代继续存活了一段时间。进入中生代以后，出现了现代类型的两栖动物，其皮肤裸露而光滑，被称为滑体两栖类。现代的两栖动物种类很多，超过4000种，分布也比较广泛，但其多样性远不如其他的陆生脊椎动物。

两栖类的祖先——总鳍鱼

总鳍鱼出现在古生代的泥盆纪，直到中生代的白垩纪趋于绝灭。其中包括长期以来被认为是四足动物祖先的骨鳞鱼。

化石总鳍鱼和肺鱼一样具有鳔（肺），和肺鱼不同之处是偶鳍构造较特殊。偶鳍基部有发达的肌肉，鳍内原骨骼排列和陆栖脊椎动物的四肢骨构造相似。这种肉质鳍不仅能支撑身体，而且能在一定程度上沿陆地移动。由地质史和发掘的化石证明，总鳍鱼有可能进化为古代的两栖类。早期的总鳍鱼均生活于淡水内，从中生代三叠纪开始，有一支转移到海中生活。这就是残存至今的空棘鱼类，著名的代表就是1938年在非洲东南部沿岸捕捉到的矛尾鱼。当时曾轰动一时，被称为活化石，因为人们认为早在6000万年以前总鳍鱼就已灭绝了。

总鳍鱼类有一个歪尾，两对支撑身体的叶状偶鳍，两个背鳍，还有厚的斜方形齿鳞。总鳍鱼的内骨骼有条强壮的脊索，头骨和上下颌完全是硬骨质的。腭上有牙齿，锋利而尖锐，很适合于捉住捕获物，因此总鳍鱼显然是肉食性的鱼类。把总鳍鱼的牙齿横切，在显微镜下观察，可以见到釉质层是强烈地褶皱起来的，形成一种曲曲折折迷宫似的图案，这种牙齿称为迷齿，与早期两栖动物的牙齿结构相似。目前没有足够证据证明总鳍鱼有内鼻孔，现生深海种类也没有。特别有意义的是偶鳍的内部结构，在偶鳍内有一块与肢带相连接的骨头，在这块骨头的下边是与之相关节的两块骨头，在这两块骨头的下边还有一些向鳍的远

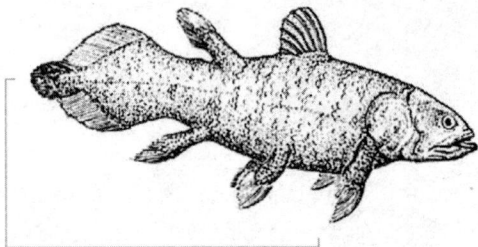

总鳍鱼化石

端辐射的骨头。把这些骨头与陆生脊椎动物的四肢骨相比，它们分别相当于四肢的肱骨（股骨）、桡骨与尺骨（胫骨与腓骨）。但是这样的结构与陆生动物四肢仍然有一定差距。所以科学界在到底谁是两栖动物祖先的问题上，仍然在肺鱼和总鳍鱼之间摇摆。

现存的总鳍鱼类只有腔棘鱼（又称"空棘鱼"）一种。腔棘鱼在3亿年前曾经繁盛一时，可当它在从海洋动物向陆地动物进化的过程中，不知什么原因，已经生出四肢的它又回到了海洋中生活，而且在几千万年前就已经绝迹了。人们今天对腔棘鱼的了解都是从化石上得到的，并且相信腔棘鱼已经永远从地球上消失了。然而后来人们却发现了腔棘鱼的踪影，并对此事作了记载。在前面"'起死回生'的'活化石'——空棘鱼"单元中，已有所论述。

◀拓展阅读▶

两栖动物的分类

两栖动物分为三个亚纲。迷齿亚纲，最古老的两栖动物，早期两栖动物的主干，生存于泥盆纪到白垩纪，其中包括爬行动物的祖先；壳椎亚纲，古老而特化的早期爬行动物，仅生存于石炭纪和二叠纪；滑体亚纲，从三叠纪延续到现代，包括所有现存的两栖动物，分为无足目、有尾目和无尾目。

▶ 研读坚头类两栖动物

现代的两栖动物，如青蛙、娃娃鱼等都是体表湿润光滑的，所以它们又统称为"滑体两栖动物"。然而在遥远的古生代，两栖动物的头上戴着"头盔"，身上长着鳞片。

曾经有两大类两栖动物在古生代时比较繁盛，这些动物的头部很大，结构坚实，覆盖有坚厚的骨板，因而又常被称为"坚头类"。

第一类叫作迷齿两栖类，由其迷路状的牙齿结构而得名。它们是最早出现的两栖动物，也是地球上最早的四足动物，在距今 3.5 亿~2.5 亿年前的石炭纪、二叠纪时期十分繁盛，从中生代初期开始逐渐衰落，一直延续到白垩纪早期，然后从地球上销声匿迹。迷齿两栖类的地理分布很广，种类也十分丰富，后期的迷齿两栖类个体可以达到 2 米多长，当时是一种可怕的捕食者。我国的乌鲁木齐鲵就是二叠纪时期生活在新疆的一种小型迷齿两栖类，体长 20 多厘米。

第二类古老的两栖动物叫作壳椎两栖类。它们是一些小型的两栖动物，体长一般小于 30 厘米。壳椎类最早出现于石炭纪早期（约 3.4 亿年前），在二叠纪的中期彻底灭绝。壳椎两栖动物只分布在欧洲、北美和北非的古生代地层中，我国没有这种动物。

迷齿两栖类动物

由在水域中生活到生活在陆地上，这在脊椎动物发展史上是一次革命性的飞跃。有关鱼类是怎样登上陆地、进化为两栖动物的，目前还没有定论。这个问题其实包括 3 个小问题：第一，鱼类为什么会离开水中的环境，向陆地发展；第二，这一事件发生在什么时候，以及发生在地球的何处；第三，到底是哪一种或哪些种古代的鱼类登陆成功，进化为两栖类的祖先。

关于第一个问题，已经基本有了答案。在距今三四亿年前的古生代中期，地壳活动十分剧烈，大片的陆地从海洋中升了出来。这样的造山运动断断续续地持续了六七千万年，陆地的面积更加扩大，出现了各种复杂的气候变化。有的河流、湖泊遭到长期的干涸，或是由于天气炎热，造成水中植物的腐烂，使水体严重缺氧。无论哪一种，对于水中生活的鱼类都是严峻的考验。在这样不利生活环境的压力下，有的鱼类因不适应而灭绝了，有的继续向水生方向发展，但逐渐改进了它们的身体，进化出更高等的鱼类。还有一支则登上了陆地，产生了适应于陆地生活的肺和四肢，从而演化出了两栖动物。

第二个问题必须通过化石来寻找答案。我们知道，最古老的两栖动物化石发现于泥盆纪晚期的地层中（距今约3.6亿年）。其中研究最详尽的是发现于格陵兰东部的鱼石螈和棘螈。20世纪90年代以来，在澳大利亚、苏格兰、爱尔兰、美国、巴西以及拉脱维亚又相继发现了更多的泥盆纪晚期的四足动物的骨骼和足迹化石。这些发现表明，最古老的两栖动物在泥盆纪晚期时，已经在地球的许多角落出现了。

拓展阅读

两栖动物的特征

两栖动物有如下特征：变态发育，幼体生活在水中，用鳃呼吸；大多数生活在陆地上，少数种类生活在水中，一般用肺呼吸；皮肤裸露，能分泌黏液，皮肤有辅助呼吸的作用；心脏两心房，一心室，不完全的双循环；体温不恒定，是变温动物；体外受精；先长出后肢，再长出前肢；有脊椎。

对第三个问题的争论是最激烈的。现在生物课中使用的多数教科书上都写着"总鳍鱼是两栖类的祖先"，这一推断有着许多形态学和解剖学的依据。在鱼类中，同属于肉鳍鱼类的总鳍鱼类和肺鱼类是公认的两栖类祖先的候选者。现生总鳍鱼（仅发现一类，即矛尾鱼）和化石总鳍鱼的胸鳍和腹鳍的鳍骨的排列，与四足动物的四肢骨排列十分相似。而肺鱼类的鳍骨与之差别较大。我国古鱼类学家张弥曼院士通过对各种总鳍鱼类头骨化石的研究，指出总鳍鱼不具有内鼻孔，这样就不能离开水在空气中呼吸，因而失去了到岸上生活的基础。她和其他一些国内外科学家支持另一种假说，即从一种接近古代总鳍鱼类和肺鱼类共同祖先的原始鱼类，进化出了四足动物。另外，还有一些学者认为，肺鱼是两栖类的祖先。

多数古老的两栖动物种类都在演化中消失并灭绝了，但从古生代的两栖动物中发展出了两个重要的分支，一支是向现代的两栖类方向发展，最后演化为我们如今见到的青蛙、蝾螈等滑体两栖动物；另一支或许更为重要，即从迷齿两栖类中的一个称为"石炭蝾类"的分支中演化出了爬

你知道吗

如何让活鱼存放时间延长

鱼眼内的视神经后面有一条"死亡腺"，它离开水便会断裂，而活鱼也因此而死亡。为防止死亡腺断裂，可把浸湿的软纸贴在活鱼的眼睛上，使鱼的存活时间延长 3~4 个小时。

行动物，后来从后者进一步演化出鸟类、哺乳类等。所以说，在低等的两栖动物中，孕育着以后更高等的脊椎动物，从而会最终出现天空中飞翔的鸟类以及我们人类自身。

海洋动物向陆栖动物的过渡——大鲵

大鲵是 3 亿年前与恐龙同一时代生存并延续下来的珍稀物种，被称为"活化石"。它们是最早的两栖动物，由古代鱼类进化而来，同时又是陆生生物的祖先。

大 鲵

大鲵别名娃娃鱼、啼鱼、狗鱼，现存有尾目中最大的一种，最大体长可超过 1 米，在有的地方，身长可达 1.8 米。一般体重可达二三十千克，为现存最大的两栖动物，故称大鲵。寿龄达 130 年，比人类寿命还要长。娃娃鱼头部扁平

钝圆，上嵌一对小眼睛，口大，眼不发达，无眼睑。身体前部扁平，至尾部逐渐转为侧扁。身体两侧有明显的肤褶，四肢短而扁，前肢五趾，后肢四趾，稍有蹼。尾侧扁，圆形，尾上下有鳍状物。体表光滑，布满黏液。身体背面为黑色和棕红色相杂，腹面颜色浅淡。

大鲵生性凶猛，肉食性，以水生昆虫、鱼、蟹、虾、蛙、蛇、鳖、鼠、鸟等为食。大鲵不善于追捕，捕食方式为"守株待兔"。但是大鲵夜间静守在滩口石堆中，一旦发现猎物经过时，便进行突然袭击，因它口中的牙齿又尖又密，猎物进入口内后很难逃掉。它的牙齿不能咀嚼，只是张口将食物囫囵吞下，然后在胃中慢慢消化。娃娃鱼有很强的耐饥本领，饲养在清凉的水中二三年不进食也不会饿死。它同时也能暴食，饱餐一顿可增加体重的1/5。食物缺乏时，还会出现同类相残的现象，甚至以卵充饥。

拓展阅读

有尾目

即终生有尾的两栖动物，幼体和成体区别不大，包括各种鲵和蝾螈。出现于侏罗纪，现在主要分布于北半球，特别是北美洲，其次是东亚和欧洲，可分为原始的隐鳃鲵亚目和进步的蝾螈亚目。

◀ 神秘的 "蚯蚓"

古老两栖动物的一支发展为滑体两栖类，其中有一个形态很特别的种类。它们的外形像蚯蚓，没有四肢，尾短或没有尾部（"尾"的通常含义是指肛门以后的躯体部分）。这其实是一类十分特化的滑体两栖动物——无足类。它与真正的蚯蚓（一种环节动物类的无脊椎动物）在生物分类上相差甚远。

多数无足类生活在热带地区，并且习惯地下穴居的生活。鱼螈是这类动物的代表之一。它们的皮肤裸露，有许多环状皱纹，富于黏液腺，眼睛退化，但嗅觉很发达。这类动物的脊椎骨数目很多，有的种类多达250块，而最大的无足类的个体长度可以达到1.5米。

无足两栖类除了具有以上特化性特征，还表现出一些原始的特点。如大多数无足类具有退化的骨质的鳞片，这些鳞片不是像鱼类那样覆盖在身体表面，而是陷入在皮肤的环状皱纹之内。前面提到坚头类的多数种类体表都有厚重的甲胄。所以，无足类退化的小鳞片被一些学者视为古代坚头类体表鳞甲的遗迹，反映了这类动物承前的原始特征。

无足类动物

知识小链接

两栖动物的呼吸

大多数成年两栖动物能通过皮肤和肺呼吸。它们皮肤下的黏液能保持其体表的湿润，让氧气较轻易地通过。大约200种蝾螈没有肺，它们的呼吸只能通过皮肤和嘴进行。而两栖动物的幼体要通过鳃呼吸。这些鳃的表面多是肉质的，呈羽毛状，且有良好的血液供应，便于从水中获取氧气。

现生的无足两栖类不到200种，分布在中美洲、南美洲、亚洲南部和非洲的热带地区。西双版纳鱼螈是我国仅有的一种无足两栖类。无足类的化石十分罕见。最古老的无足类生存于大约2亿年前的侏罗纪早期。化石发现于美国的亚利桑那州，被命名为"小肢始蚓螈"。它的特别之处是这种动物仍保留弱小的四肢，这也反映了它的原始性。随着以后的演化，这些四肢将进一步缩小，到现在种类中则完全消失，成为真正的"无足类"。除了始蚓螈化石，还有个别零星的无足类脊椎骨化石发现于巴西、玻利维亚和摩洛哥的中生代或新生代早期的地层中。

◑ 两栖动物也会有尾巴吗

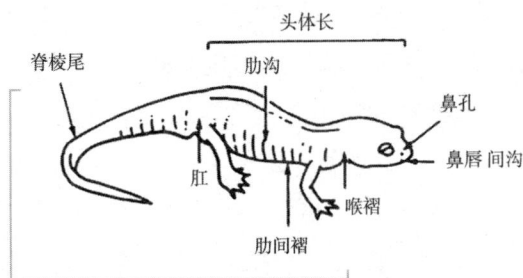

蝾螈类动物示意图

蝾螈类是"有尾巴的两栖类"。现生种类有 300 多种，主要分布在北半球，只有一类叫作"无肺螈类"的有尾两栖动物进入了南半球的南美洲。

有尾两栖类的历史最早可以追溯到侏罗纪中期（大约 1.7 亿年前）。已知最早的

代表发现于中亚和西欧，但这些化石都十分零散、破碎。最近，在我国东北的白垩纪早期的地层中，发现了许多保存精美的有尾类化石。这些化石具有时代早、保存状态好、数量多、种类丰富等特点，在研究世界有尾类的早期演化中占有重要的地位。

这些化石之所以重要的另一个原因是，它们是世界上已论证出的最早的现代蝾螈类的代表，许多特征可以与现生种类比较。由此推测，世界上现

拓展阅读

蝾螈科

蝾螈科有尾目的 1 科，通常全变态，偶有童体型，均有肺，睾丸分叶，肛腺三对，体内受精。前颌骨 2 或 1，鼻突一般左右分离（疣螈属例外），均较长，与额骨相连接，无间颌骨。约有 24 属 80 种。其中化石 15 种，已灭绝 8 属 10 种。

存的蝾螈类很可能是由此演化出来的。目前已经命名的我国中生代有尾类有：钟健辽西螈、东方塘螈、奇异热河螈、凤山中国螈等，它们生活在距今 1.3 亿~1.1 亿年前我国的北部地区。

我国现生的有尾两栖类有 3 个科：小鲵科、隐鳃鲵科和蝾螈科。

作为困扰科学家们的一个问题是——到底是从哪一种或哪些种古老的两栖动物进化出了现代两栖类（即滑体两栖类）。多数学者认为，从迷齿两栖类中的某一种离片椎类动物进化出了滑体两栖动物的祖先类型。持这种观点的人相信，所有现代的两栖动物有一个共同的祖先，故又称为"单源起源说"。与之相对的是"多源起源说"，这种学说认为无尾两栖类是从离片椎类进化来的，而有尾两栖类和无足两栖类可能是从壳椎类演化出来的。目前两种假说孰是孰非，还难有定论，这也是现代两栖动物进化中的一个未解之谜。

◑ 蛙化石的背后

现生的两栖动物有三类。其中蛙类是一种身体特化、适应于跳跃生活习性的两栖动物。现生蛙类有 3500 多种，由于骨骼细弱以及生活环境一般潮湿等原因，它们很少保存为化石。我国在过去几十年中，只发现了几件新生代的蛙化石，但更古老的蛙类却是源于最新的发现。

1999 年，一只古老的蛙化石引起了国内外科学家的广泛关注，中国科学院古脊椎动物

广角镜

恐 龙

恐龙是指生活在距今 2.35 亿年至 6500 万年前的一类爬行类动物，支配全球生态系统超过 1.6 亿年之久。一般认为大多数恐龙已经灭绝，仍有一部分适应了新的环境被保留下来，如鳄类、龟鳖类，还有一部分沿着不同的进化方向进化成了现在的鸟类和哺乳类。

与古人类研究所的学者将它命名为"三燕丽蟾"。它是我国已知的最早蛙类，生存在距今约 1.25 亿年前的白垩纪早期，与大大小小的恐龙生活在同一时代。

三燕丽蟾不仅时代早，而且化石保存得十分精美，这在蛙类化石中极其罕见。过去我国仅发现了 2～3 块较完整的蛙化石，如山东临朐的玄武蛙（距今约 1600 万年前）和山西武乡的榆社蛙（距今约 500 万年前）等，它们的时代都比较年轻。如今，在古老的中生代地层中发现了完整的蛙化石，成为科学家们激动的幸事。

三燕丽蟾的骨骼形态已经与现生无尾两栖类十分相近，如具有发育的髂骨和伸长的后肢，这表明它已经具有相当的跳跃能力。它的上颌边缘长满了细细的梳状排列的牙齿，而我们现在常见的蛙类多没有牙齿，具有牙齿是原始的表现。根据这一特征判断，三燕丽蟾的舌部捕食机能及身体的运动能力可能还不够强，牙齿在辅助捕食中具有比较重要的作用。

在分类学上，三燕丽蟾属于盘舌蟾类的一种。欧洲的盘舌蟾、产婆蟾与亚洲的东方铃蟾是它的现生的近亲。从现生这些蛤蟆的样子推测，三燕丽蟾的形象也不会好看。可见"丽蟾"之名来自它精美的骨架化石，而不是这类动物的"长相"。

蛙类由于自身的生理及生态特点，很难保存为完整的化石。那么，

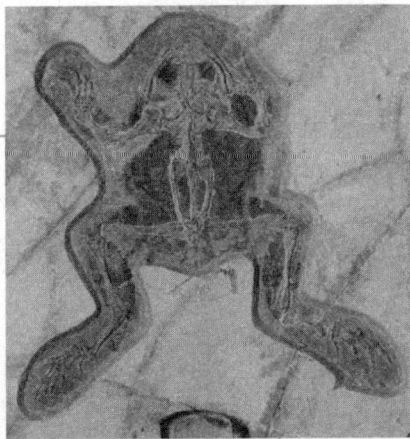

三燕丽蟾化石

三燕丽蟾为什么能保存成这样完整的骨架呢？说起来令人难以置信，这多亏了火山的作用。科学家发现，在保存三燕丽蟾化石的岩石中，含有大量的硅质成分，而这些硅质成分来自火山灰。大量证据表明，三燕丽蟾生活的地区火山活动十分频繁。我们可以设想这样的场面——一个风和日丽的

早晨，各种动物仍像往日一样开始了它们一天的活动，突然，不远处的一座火山猛烈喷发了，浓厚的火山灰像一个张牙舞爪的魔鬼，快速地扑向了湖区的生命，许多动物在瞬间因窒息而死，连空中飞翔的鸟类也不能幸免。大量的火山灰仍不停地降落，将死去动物的遗体迅速掩埋起来，三燕丽蟾的骨架就是这样完整地保存下来，成为今天科学家考察蛙类演化历史的重要证据。

知识小链接

两栖动物的眼和耳

大多数蛙类、蟾蜍和蝾螈都有良好的视力。洞穴蝾螈因长期生活在黑暗的环境中，逐渐丧失了眼睛的功用，但陆地生活的蝾螈都有良好的视力，用以发现行动缓慢的猎物。蛙的眼睛很大，因而它们能注意到危险并发现猎物。许多两栖动物都有极灵敏的听力，能帮助它们分辨求偶的鸣声和正在靠近的敌害发出的声音。

陆地的主宰者

　　爬行动物是第一批真正摆脱对水的依赖而征服陆地的变温脊椎动物，可以适应各种不同的陆地生活环境。爬行动物也是统治陆地时间最长的动物，其主宰地球的中生代也是整个地球生物史上最引人注目的时代。那个时代，爬行动物不仅是陆地上的绝对统治者，还统治着海洋和天空，地球上没有任何一类其他生物有过如此辉煌的历史。

　　现在虽然已经不再是爬行动物的时代，大多数爬行动物的类群已经灭绝，只有少数幸存下来，但是就种类来说，爬行动物仍然是非常繁盛的一群，其种类仅次于鸟类而排在陆地脊椎动物的第二位。大体来说，爬行动物有接近 8000 种。爬行动物的分布受温度影响较大而受湿度影响较少，大多数分布于热带、亚热带地区，在热带地区，无论是湿润地区还是较干燥地区，种类都很丰富。

爬行动物是怎样形成的

迷齿两栖动物在古生代晚期的石炭纪和二叠纪时，曾经一度繁盛。但在它繁盛初期时，就有一支已经进化为爬行动物。这支爬行动物逐渐崛起，最终在中生代一统天下。爬行动物形成的标志是羊膜卵的出现。

虽然两栖动物已经登上了陆地，但只有在羊膜卵出现后，脊椎动物才真正摆脱了（个体发育过程中）对外界水体的依赖，成为完全陆生的动物。羊膜卵的出现是脊椎动物进化史上继"颌的出现""从水到陆"之后的又一次重大飞跃。

具有羊膜卵的脊椎动物统称羊膜动物。爬行动物和鸟类、哺乳类一起构成了羊膜动物。现代的羊膜动物都很好判断，只要看它们是否产羊膜卵就可以了。但要判断化石生物就有些困难了，因为我们无法直接从骨头上知道某类生物是否产羊膜卵。

大家公认的最早的蛋化石发现于三叠纪地质层。有间接的证据表明，羊膜卵比目前已知的最早爬行动物出现得早。长期以来，蜥螈被认为是羊膜动物的祖先类型，因为它的骨骼构造兼备两栖动物和爬行动物的特征。但是由于它出现时间太晚（早二叠世），不大可能是爬行动物的直接祖先。在古生代的两栖动物中仅石炭螈类与羊膜动物最接近。

知识小链接

石炭螈目

向着爬行动物进化的类型是石炭螈目，主要发现于欧洲和北美，一直不很繁盛。石炭螈目中最著名的当属二叠纪的蜥螈，蜥螈同时具有两栖动物和爬行动物的特征，对于其到底是两栖动物还是爬行动物曾经有争议，直到发现了蜥螈的蝌蚪才确认其是两栖动物。

⬛ 另类的龟

最原始的龟是原颚龟，和最早的恐龙大致同时出现在2亿多年前，它已经有了与现代种类相似的壳了。从那以后的龟类都有一个壳，虽然在某些后代有所变化，如鳖甲无角质层被皮膜的鳖裙代替，棱皮龟的背甲骨板退化，由大量细小的骨片组成，不与深层的骨板连接为一个整体。由于龟甲比较坚硬，容易保存下来，人们发现的龟类化石大多是龟类甲壳化石。同时由于其甲壳在不同类群间有明显的形态和结构差异，就成为建立化石属种的主要依据。

龟类是一类独特的动物，从它们具有的壳就能一眼分辨出来。除了甲壳，龟的头骨和头后骨骼也很特别。龟类甲壳分为背腹两部分，

原颚龟

背面的叫背甲，腹面的叫腹甲。它们除次生退化外，一般分内外两层：外层是角质的，由许多盾片组成；内层是骨质的，由许多骨板组成。龟鳖类不仅脊柱与壳愈合，背甲也由骨板与肋骨愈合而成。与其他所有的脊椎动物不同，龟鳖类的肋骨位于肩带和腰带之外。这使它能将头、四肢和尾部缩入壳内，在很大程度上保护了自身。现代的龟大多数都能把头缩进龟壳内。现在人们还常说缩头乌龟，其实早在西晋《鳖赋》中就有"缩头于壳内"的语句。这说明人们很早就注意到龟类的这一特性了。

那么，龟是从什么进化而来的呢？龟壳和龟身体各部位奇怪的构造方式又是如何形成的呢？至今仍是个谜。人们曾经认为南非中二叠世的正南龟是龟类的祖先，但现在看来它与龟鳖类毫无关系。在灭绝的生物里，锯齿龙、前棱蜥、大鼻龙都曾被当作龟鳖类的祖先。然而这些候选者中，没有一类与

龟类共有令人信服的进步性状。侏罗纪的龟已经基本上有了现生类型的构造。

侧颈龟类

尽管龟鳖类的外形很早就独具特色，但它们远非结构保守的"活化石"。龟鳖类在其漫长的生存历史中，经历了不寻常的、广泛的进化变迁，分化到许多不同的陆生、水生环境中。龟类进化早期，由于头骨发展出两类滑车机制而分为侧颈龟类和曲颈龟类（或称隐颈龟类）两个类群，这两个类群独立地演化出了高度特化的颈部回缩方式。侧颈龟类沿着壳前缘在水平面内弯曲颈和头，繁盛时期是6000万年前的白垩纪和早第三纪，那时的侧颈龟类大多数是海生的。今天的侧颈龟类生活在非洲、澳洲和南美洲的淡水中，仅剩下2科。曲颈龟类包括海龟类、棱皮龟类、龟类及鳖类四大类，共9科。曲颈龟类广布于除南北两极外的其他地方。它们生活在海洋、滨岸带、湖泊、河流、湿润的森林及沙漠。已知现生龟类全球有200多种，据《中国动物志》记载，我国共有6科21属37种。

龟类与大多数爬行动物一样是变温动物，其地理分布主要以热带和温带地区为主。绝大多数龟鳖类习惯陆地生活，但一般居住于河流、湖泊、沼泽和湿草地，河龟是较常见的龟类。真正完全陆生的龟类种类并不多。最引人注目的，当数生活在南半球加拉帕戈斯群

拓展阅读

龟的进化顺序

常见的龟鳖类，从现代龟在保留祖先特征方面，从原始到高等依次顺序为：侧颈龟科＞蛇颈龟科＞鳄龟科＞动胸龟科＞平胸龟科＞泥龟科＞龟科淡水龟亚科＞陆龟科＞龟科龟亚科＞海龟科＞两爪鳖科＞棱皮龟科＞鳖科。现在的鳖是最先进的龟。

岛的象龟，终其一生也可以不到水中，靠仙人掌为食，只在繁殖期会饮水。成体长约1米，体重160千克。在我国云南渐新世地层中发现的2000多万年前的路南陆龟，身体大小与象龟相当。在印度还发现过更大的陆龟，其背甲长达2米。在其他大陆，也有大型陆龟化石被发现。可见当年这大型龟类是分布比较广的，但都灭绝了，可能象龟只是因生活在岛上才苟延残喘遗留下来，不过其现在处境也不妙，如果保护不得力，在不久的将来，可能也要灭绝。

还有一些龟则适应海洋生活，产生了桨状附肢，仅在产卵时回到沙滩。现代海生的龟有棱皮龟和海龟两大类。棱皮龟是现存最大的龟鳖类，最大体长可达3米，重960多千克。海龟包括玳瑁、蠵（quán）龟等，玳瑁的壳很早就被人用作装饰品。在一般人的印象中，龟运动速度不快，但棱皮龟受惊吓时速度可以达到每小时35千米。这些龟在大洋中遨游，但总是不远万里回到出生地产卵。它们能在茫茫大海中精确

拓展阅读

现存的爬行动物划分

龟鳖类划分成龟鳖目，鳄类划分成鳄目，而鳞龙下纲的分目有两种意见，一种意见是分成喙头目和有鳞目，有鳞目进一步划分成蜥蜴、蚓蜥和蛇三个亚目，而蜥蜴亚目和蛇亚目再各自划分成几个下目或超科；另一种意见是蜥蜴、蚓蜥和蛇各升级为一个独立的目，三者再合成一个有鳞总目，其中蜥蜴和蛇下属的下目或超科则升级为亚目。

定位，其洄游行为让人称奇。常常有一些报道说，被放生的龟能重返主人家，从而认为龟通人性，有灵气。其实，可能是因为这些龟与海龟具有类似的定位能力，所以具有重返故土的本能。由于海龟有较高的经济价值，遭到了人们的疯狂捕杀，再加上其生存环境日渐恶化，数量急速减少，现生的各种海龟大多被列入濒危物种。

龟类的寿命较长，一般可活数十年，也有过生存了188年的记载。我国

民间有"千年王八万年龟"一说，因此，人们常把乌龟当作长寿的标志。

解读古老的鳄鱼

2001年11月，许多游人涌向位于美国华盛顿特区国家地理学会总部的展厅，参观正在这里展出的一条巨大无比的古代鳄鱼复原模型。这种名叫帝王鳄的古代鳄鱼，体长11～12米，仅头部就有1人多长。它生活在大约1.12亿年前尼日尔的大河深处，凶残无比。根据它的头骨构造和满嘴粗大尖锐的牙齿，科学家们推测不仅河中的鱼儿是它的食物，甚至中生代的霸王——恐龙也常常成为它"餐桌"上的美味。

其实，帝王鳄还不算是最大的鳄鱼，生存于美国晚白垩世的一种叫作恐鳄的鳄鱼，体长达到15米，是已知鳄鱼中的超级"巨人"。当然，相对于同一时期的一些巨型恐龙，这些鳄鱼只能算是小巫见大巫，因为已知最大的恐龙体长可能超过了40米。

说起家史来，鳄鱼起源的时间应该比恐龙还要早。不过，从化石记录来看，最早的鳄鱼和恐龙一样出现于三叠纪晚期。从那时起，鳄鱼目睹了爬行动物的衰败、恐龙的灭亡、哺乳动物的兴起和人类的成长。经过2亿多年的演化，鳄鱼仍然在地球这个大舞台上展现着它健壮的身躯，可谓是一类极其成功的

帝王鳄

爬行动物。从鳄鱼的演化历史来看，原始的鳄鱼主要是陆生动物；更为进步的中鳄类则既有陆生类型，也有水生类型，有一些中鳄类甚至特化为海生动物。现生鳄鱼属于真鳄类，它们主要是半水生的动物。鳄鱼演化的成功应该归功于

它的身体结构：心脏和鸟类、哺乳类一样有 4 个房室；忍饥挨饿的能力很强，已知有的种类即使半年不吃也不致饿死；身体构造则非常适应水中的生活。

鳄鱼进入新生代后的几千万年里，身体构造基本定型，没有大变化。因此，鳄鱼也被称为"活化石"。大多数鳄鱼都长着扁平的头，有一个长长的吻部，嘴里长着圆锥形的牙齿。美国科学家在马达加斯加晚白垩世地层中，发现了一种奇异的鳄鱼，它的头骨短而宽，吻部很短，包括牙齿在内的许多构造与一类叫作甲龙的恐龙相似。这种奇特的趋同演化现象令人惊奇不已。

一般来说，人们印象中的鳄鱼总是冷酷无情和凶残成性，其实这是一种误解。回顾鳄鱼的演化史，不仅有像帝王鳄和恐鳄这样凶残的肉食者，还有许多温顺的植食性鳄鱼。我国湖北 1.1 亿年前生存的一种鳄鱼，就是以植物为食的。除此之外，在世界其他地方也发现过一些植食性鳄鱼，包括我们上文提到的马达加斯加的奇异鳄鱼。

食人鳄

其实，很多肉食性鳄鱼并不凶残。在现生的 20 多种鳄鱼当中，只有两种是吃人不眨眼的"食人鳄"。一种是鳄鱼中的"巨人"——现生鳄鱼中唯一能在海中生活的湾鳄，它的体长一般有 6～7 米，最大的据说有 10 米；另外一种是产于非洲的尼罗鳄。大多数鳄鱼通常不会主动进攻人类，尤其是产于我国长江中下游，也是唯一生存于温带的现生鳄鱼——扬子鳄，性情非常温和。

鳄鱼这种冷血爬行动物也有温柔的一面。所谓"虎毒不食子"，"食人鳄"尼罗鳄抚育后代的情景正是这样。母鳄在小鳄出壳后，会把所有的小鳄放在自己嘴里，带它们去水中玩耍和觅食。平时，尼罗鳄的血盆大口是屠杀包括水牛这样的大动物的凶器，这时却变成了小鳄温馨的"摇篮"，这就是生物构造的多功能性的极端表现。

趣味点击　鳄鱼流眼泪

鳄鱼真的会流眼泪，只不过那并不是因为它伤心。长期以来人们认为鳄鱼这是在排泄体内多余的盐分。海龟、海蛇、海蜥等一些海洋爬行动物和一些海鸟身上，都有盐腺长在眼眶附近。盐腺使这些动物能将海水中多余的盐分去掉，从而得到淡水。盐腺是它们天然的"海水淡化器"，鳄鱼流泪也是这个原因。

发生于 6500 万年前的生物大灭绝事件，无情地淘汰了中生代陆上霸主——恐龙，却没能消灭顽强的鳄鱼。最近的科学调查表明，现生的 20 多种鳄鱼中，已有 16 种濒临灭绝，原因非常简单：鳄鱼的机体能够抗过 6500 万年前的大灾难，能够适应多变的环境达 2 亿多年，却不能抵御来自人类的威胁。

什么是海生爬行动物

2 亿多年前的三叠纪，中生代的霸主恐龙在陆地上诞生之前，那时候称霸地球海洋的已经是形形色色的海生爬行动物了。史前海洋中的爬行动物与现在的不同，不仅种类更为丰富，而且体形巨大，形状怪异。18 世纪西方的博物学家首次发现这些"巨兽化石"时，将其称为"海怪"，并做出各种各样古怪的复原。此后，海生爬行动物的化石始终是古生物学中的热点，并强烈地激发了公众的好奇心。

什么是海生爬行动物呢？顾名思义，就是生活在海洋中的爬行动物。它们能在咸水环境中生长、觅食，不经常进入淡水环境，但它们不一定在海洋中繁殖后代。现代海洋中仅有海龟、海蛇及几种咸水鳄等少量爬行动物，而在中生代的海洋中则有鱼龙、鳍龙、海龙、沧龙等大名鼎鼎的动物，其中最富盛名的是鱼龙和蛇颈龙。

鱼龙是一类高度适应水生生活的已经灭绝的爬行动物。现存关于鱼龙最早的图片绘制于 1699 年，不过当时被当作了鱼。1708 年在德国也发现了鱼龙化石，但直至 1814 年，这批化石才被法国著名的比较解剖学家居维叶首先正确地鉴定为海生爬行动物。1719 年发现了第一条完整的鱼龙化石，当时认为这是在"大洪水"中死去的海豚或鳄鱼。"鱼龙"这个词到

鱼 龙

1818 年才由大英博物馆的柯尼希创造出来，以后被广泛接受并沿用至今。

　　鱼龙有着流线形的体形和桨状的四肢，与海豚外形有些相似。居维叶曾说，鱼龙具有海豚的吻部、鳄鱼的牙齿、蜥蜴的头和胸骨、鲸的四肢和鱼的脊椎。鱼龙嘴巴长而尖，上下颌长着锥状的牙齿，整个头骨看上去像一个三角形。头两侧有一对大而圆的眼睛，眼睛直径最大可达 30 厘米，而现生脊椎动物中最大的眼睛是蓝鲸的眼睛，直径也才 15 厘米。因此鱼龙可以在光线暗淡的夜间或深海里追捕乌贼、鱼类等猎物。科学家估计，鱼龙可以下潜到海洋中 500 米的地方。鱼龙椎体如碟状，两边微凹，一条脊椎骨好像一串碟子被串在一条绳索上，尾椎狭长而扁平。

　　我们知道，绝大多数爬行动物是卵生，把蛋下在沙子或窝里。鱼龙已经非常特化，没法上陆地下蛋了，那么它是如何繁殖的呢？直接把蛋产在水里吗？开始人们不知道答案，后来在德国南部的霍斯马登附近发现了肚子里有胚胎的鱼龙化石，人们才了解到鱼龙原来能够直接产下幼仔。在德国的这个侏罗纪的鱼龙"公墓"里，化石产出在黑色沥青质页岩中，连皮肤的印痕也保存了下来，因此人们能够准确恢复鱼龙的外貌。这里所有成年雌鱼龙体腔内的完整骨骼，除胃腔中的以外，都被认为是小鱼龙。人们已经发现有胚胎的鱼龙化石近百条，这些化石多数腹部保留有 1～4 条胚胎化石，最多的达到 12 条。所有小鱼龙的化石都是在大鱼龙的下腹部位置发现的，这些小鱼龙的

化石都十分完整，不像被消化后的食物那样骨骼七零八落。科学家们目前一致认定，鱼龙是产仔的动物，他们甚至找到了处于生产过程中的鱼龙化石。在这些标本上，小鱼龙的一半位于母亲的体内，另一半已经从产道滑出了体外。鱼龙分娩时，尾巴首先从母体中伸出，这和现在的鲸是一样的。作为用肺呼吸的海洋生物，头部先出生就意味着死亡。长期以来，这些标本一直被视为鱼龙同类相食的证据，但用这种"胎生"理论似乎比其他解释更容易为人们所接受。不过学者们至今还无法相信，海生爬行动物怎么在那么早就演化出了这种进步的繁殖方式。

拓展阅读

鱼龙的主要食物

根据有限的存留在鱼龙化石胃部的物质，可以分析出鱼龙都吃些什么。经科学家研究发现，这些化石是来自乌贼触手的小钩状结构（已经灭绝的头足类动物）。鱼形鱼龙主要是以乌贼类为食。除了乌贼，鱼龙还吃鱼和其他海洋动物。

在我国安徽早三叠世发现的鱼龙，是已知时代最早的鱼龙之一。我国科学家在珠穆朗玛峰海拔 4800 米的地方，发现了三叠纪（2 亿多年前）的鱼龙化石，是迄今为止海拔最高的脊椎动物化石。这足以证明当时那里还是一片汪洋大海，后来却抬升成了现在的世界屋脊。

蛇颈龙和上龙是人们很早就认识的另外一大类海生爬行动物。早在 1604 年，就有了第一张关于蛇颈龙骨骼化石的插图。随着越来越多的化石被发掘出来，1706 年，英国牛津博物馆甚至出版了一本关于蛇颈龙的鉴定手册。蛇颈龙和上龙是相当成功的爬行动物，曾经广泛分布在侏罗纪和白垩纪的海洋中。蛇颈龙身体宽扁，配上长长的脖子，小小的脑袋，就像一只海龟的头装在长蛇身上似的。蛇颈龙脖子可达身体的一半长，体长可达十多米。所谓"尼斯湖怪物"就是按照它的模样编造出来的，并引起过不小的轰动。但是事实证明，蛇颈龙确

蛇颈龙

实在白垩纪末就已经灭绝了。它们主要以鱼和菊石（一类中生代的软体动物）等为食。上龙是蛇颈龙的近亲，但它们的头很大，脖子比蛇颈龙短，牙齿很锋利。其中最大的种类体长可达 25 米，头部就有 5 米长，是侏罗纪时唯一一种体形与现代蓝鲸相仿的海生爬行动物，估计体重可能有 10 万千克。这种上龙可以进攻当时海里的任何动物。蛇颈龙和上龙有鳍状肢，科学家认为其游泳方式与海豹类似，鳍状肢向后划行，它们前进的轨迹很可能是一起一伏的波动。

由于从来没有发现过带胚胎的蛇颈龙或上龙化石，我们无从知道它们如何繁殖后代。这些动物的骨骼表明，它们还具有在陆地上爬行的能力，尽管这种能力十分有限。但是上龙体形巨大，对于它们来说，爬上海滩绝非易事，所以"胎生"是它们可能的一种繁殖方式。迄今为止，从未发现过上龙的蛋化石。

蛇颈龙和上龙都属于鳍龙类，这类生物还包括三叠纪的肿肋龙类（如我国的贵州龙）、幻龙类（如欧龙）及奇特的楯齿龙类（如砾甲龟龙）。近几年，在我国贵州省发现了大量保存精美的鱼龙、鳍龙和海龙化石，它们都足以和欧洲著名产地的化石相媲美。

鳍龙类的生活时间几乎贯串

广角镜

爬行动物各代表类型

头骨上没有颞颥孔的划分成无孔亚纲，代表爬行动物的原始类型；头骨每侧有一个下位的颞颥孔的划分为下孔亚纲，是向着哺乳动物演化的爬行动物；头骨每侧有一个上位的颞颥孔的划分为调孔亚纲，是海洋爬行动物；头骨每侧有两个颞颥孔的划分为双孔亚纲，是主干爬行动物，并演化出了鸟类。

整个中生代，在早三叠世就已经产生，到白垩纪最末才灭绝。但是鱼龙却在晚白垩世刚开始时就消失了。这两个类群的祖先是谁？是什么原因造成了鱼龙在白垩纪中期的灭绝？现在这些问题都还没有答案，等待着人们进一步去探索。

"空中霸主" ——翼龙

翼龙是恐龙的近亲，与恐龙生活在同一时代，是飞向蓝天的爬行动物，有时也被误认为是"会飞的恐龙"。翼龙起源于约2.15亿年前的晚三叠世，灭绝于6500万年前的白垩纪末期。当恐龙称霸着陆地时，翼龙却控制着天空。

翼龙是一类非常特殊的爬行动物，具有独特的骨骼构造特征。早在1784年，意大利的古生物学家科利尼在德国发现第一件翼龙化石时，甚至不能确定它属于哪一类动物，有人认为它生活在海洋中，也有人认为它是鸟和蝙蝠的过渡类型等。直到1801年，居维叶才鉴定它为翼龙，归于爬行动物。

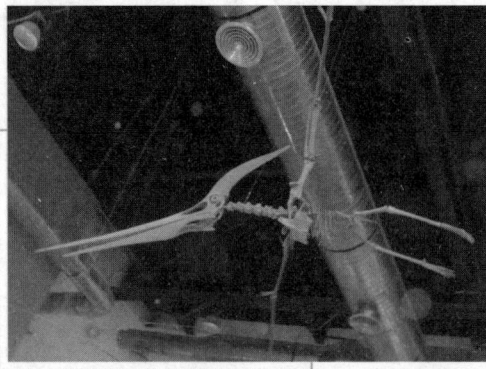

翼龙复原图

翼龙并不能像鸟类那样自由地、长距离地翱翔于蓝天，只能在它的生活环境附近，如海边、湖边的岩石或树林中滑翔，有时也在水面上盘旋。

翼龙比鸟类早了约7000万年飞向天空，大约在三叠纪晚期就开始适应空中生活，在地球上成功地生存了1.5亿年。

翼龙为了适应飞翔的需要，具有许多类似鸟类的骨骼特征，如头骨多孔，骨骼中空轻巧，胸骨及其龙骨突发达等。

迄今为止，世界上已经发现命名了超过 120 种的翼龙化石。翼龙的个体大小和形态差异非常大，大者如 20 世纪 70 年代在美国得克萨斯州发现的翼龙化石，它的两翼展开约 16 米，宽度相当于 F－l6 战斗机，小者形如麻雀。翼龙有两大类，早期的喙嘴龙类比较原始，主要生活在侏罗纪，有一条很长的尾巴；晚期的翼龙类主要生活在白垩纪，尾巴很短甚至消失。

拓展阅读

翼龙与恐龙是近亲

翼龙是恐龙的近亲，生活在同一时代，是飞向蓝天的爬行动物，有时也被误认为是"会飞的恐龙"。翼龙起源于约 2.15 亿年前的晚三叠世，灭绝于 6500 万年前的白垩纪末期。当恐龙称霸着陆地时，翼龙却控制着天空。

热河翼龙复原图

翼龙类属于爬行动物，然而它很可能是温血动物。20 世纪初，英国古生物学者曾推测，翼龙具备快速运动的能力，像蝙蝠一样，体上有毛，并有与鸟类相似的生活习性，是体温恒定的温血动物。后来在德国发现的喙嘴龙化石上，找到了毛的印痕。1970 年，在哈萨克斯坦发现了一件比较完整的带有"毛"的翼龙化石，英国古生物学家通过对这件标本毛状物和翼膜结构的研究，认为它属于温血动物无疑。翼龙身体上的这些"毛"隔热保温，防止体内热量的散失，具有调节体温的作用。另一个证据来自于翼龙的骨骼，它们像鸟一样有一些用于调节体温的小气囊。

最近，我国辽西带"毛"热河翼龙的发现，进一步佐证了至少部分小型的翼龙类为温血动物。越来越多的化石证据表明，一些翼龙为了适应飞行的需要，已经具有内热和体温恒定的生理机制、较高的新陈代谢水平、发达的神经系统以及高效率的循环和呼吸系统，成为一类最不像爬行动物的爬行动物。

翼龙常生活在湖泊、浅海的上空。一些翼龙具有脚蹼，可以从天空中发现飞行的昆虫以及水中游动的鱼、虾等小型水生动物，并且迅速出击，准确地捕食它们。

▶ 长有羽毛的恐龙

或许人们还记得著名导演斯皮尔伯格在电影《侏罗纪公园》中塑造的各种恐龙形象，它们或者凶猛，或者笨重，或者巨大，或者奇特。这些古代的爬行动物浑身长着鳞片，有一副冷酷的外表，似乎是动物世界中的"硬汉"。恐龙的真面目是这样的吗？

其实，有一些恐龙并非那么"冷酷"，它们浑身长着羽毛，有一副温柔的形象，这似乎不像恐龙，而像我们所认识的鸟类。因为羽毛是鸟类特有的，有羽毛的动物必然是鸟，这几乎是不用思考的常识。然而，在遥远的中生代，地球上确实生存着一批长着羽毛的恐龙。

1999 年 5 月，科学家们报道了一种叫北票龙的动物，它的发现表明，这种毛状结构确实属于原始羽毛。不仅如此，科学家们推测包括霸

北票龙复原图

小盗龙复原图

王龙在内的许多恐龙，可能已经不再像冷血的爬行动物那样长着鳞片，而是被着这种原始羽毛，更像美丽的鸟类。

北票龙的化石被发现于我国辽宁省西部大约 1.3 亿年前形成的岩石中。在这一地区，科学家们还发现了其他一些长着原始羽毛的恐龙，比如，中国鸟龙和小盗龙。小盗龙是世界上已知最小的恐龙，它的身体全长只有 40 厘米左右，虽然小巧，但它却是一种凶猛的肉食性动物，长着带有小锯齿的牙齿和尖锐的爪子。那个时候，绝大多数恐龙都生活在地面上。科学家们通过研究小盗龙的后足，发现它具有爬树的本领。他们猜测，树木对于小盗龙这么小巧的动物来说，可能是一个安全的场所。生活在这里可以摆脱大型动物的追捕。因此，和绝大多数恐龙不同，小盗龙可能是一种生活在树上的动物。

发现于辽西的另外一种有趣的动物是尾羽龙。顾名思义，这是一种尾巴上长着羽毛的恐龙。其实，尾羽龙不仅尾巴上长着长长的羽毛，在它的前肢上也长着长长的羽毛。更让人们感到惊讶的是，这些羽毛的样子几乎和鸟类的羽毛一模一样。尾羽龙的头短而高，脖子长，尾巴短，长长的后腿

趣味点击　多样的恐龙

从早侏罗纪到晚白垩纪，恐龙家族适应环境因而发展迅速，使得恐龙向着多样性方向发展，恐龙的种群数目增加，恐龙由此得以支配地球生态系统。恐龙种类多，体形和习性相差也大。其中个子大的，可以有几十头大象加起来那么大；小的，却跟一只鸡差不多。就食性来说，恐龙有温驯的素食者（吃植物的恐龙）和凶暴的肉食者（吃动物的恐龙），还有荤素都吃的杂食性恐龙。

133

表明它是一种奔跑速度很快的动物。尾羽龙的发现让科学家们相信，有些恐龙已经长出了真正的羽毛，尽管它们并不能像鸟类那样飞行。

侏罗纪早期的双嵴龙

1942 年，在美国亚利桑那州的侏罗纪早期地层中发现了一种体形较大的兽脚类恐龙，因为其头顶上有一对薄薄的 V 字形骨质嵴，科学家把它命名为双嵴龙。

双嵴龙复原图

双嵴龙生活在侏罗纪早期，身体较为粗壮，头骨高大，颚骨发达，嘴裂很大，满嘴的牙齿像锋利的小刀子一样，牙齿的前后边缘上还有小的锯齿，这些特征显示它可以撕碎任何捕获到的猎物，然后将大块的肉吞进腹中。此外，双嵴龙的头骨上在眼睛后面的部位都有孔，这些孔是为了更好地附着那些牵动颚骨的肌肉用的，因此双嵴龙撕咬的力量一定非常强大。科学家推测，双嵴龙可能是侏罗纪早期生态系统中最残暴、最凶猛的食肉动物。双嵴龙的后肢粗壮有力，脚上长有利爪，可以用来捕捉、撕裂猎物。2 亿年前左右的那段时光里，双嵴龙经常出没在河流湖泊间的高地上或丛林间，追捕着各种各样的素食动物。它们也可能喜欢孤独地生活，有时也可能会隐蔽在不易被发觉的地方等待时机偷袭猎物，甚至它们还可能像现代的鬣狗一样以动物的尸体和腐肉为食。

1987 年 8 月，云南省昆明市博物馆恐龙发掘队在晋宁县夕阳乡发掘出了一具属于古脚类的云南龙的化石。不胫而走的消息吸引了四面八方的老百姓

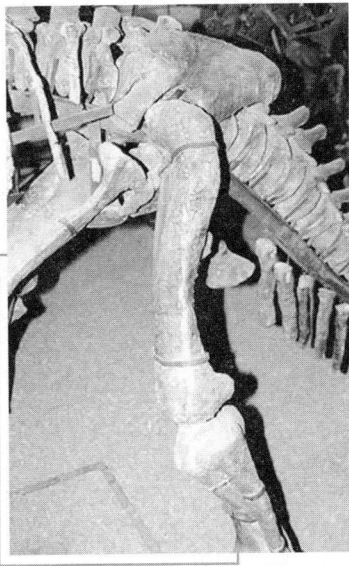

云南龙化石

前来观看。这里的老百姓都是彝族同胞，他们从来没有听说过什么恐龙。但是当他们看到一块块化石的时候，一些人觉得这种骨头形状的石头似曾相识。有的人告诉发掘队说，在夕阳乡的木杆榔村的山坡上也见过这样的石头。

发掘队跟随着报信的人来到木杆榔村，那里果然有一串恐龙的脊椎骨出露在一个小冲沟里。他们决定在这里进行发掘。几天后，一个触目惊心的场景出现了。原来这里竟然有两条恐龙！而且，是两条完整的恐龙骨架扭在一起，其中一条是古脚类恐龙，而另一条却是食肉的双嵴龙，后者的大嘴正好咬在前者的尾椎骨上。科学家根据化石的这种埋藏状况推测，这两条恐龙的死因可能有两种：一是它们在一场你死我活的搏斗中两败俱伤而双双死去；再一种可能就是古脚类恐龙已经死去多日，尸体上的肉已经腐败变质了，而饥肠辘辘的兽脚类只管填饱肚子，没想到却因吃了腐败变质的古脚类恐龙肉而中毒身死。从二者平静的姿势来看，后一种可能性甚至更大些。

中国双嵴龙是侏罗纪早期最大的食肉恐龙，身长将近4米，嘴巴又尖又长。它的上颚

拓展阅读

恐龙的种类

恐龙与其他爬行动物的最大区别在于它们的站立姿态和行进方式，恐龙具有全然直立的姿态，其四肢构建在其躯体的正下方位置。这样的架构要比其他各类的爬行动物在走路和奔跑上更为有利。根据恐龙腰带的构造特征不同，可以划分为两大类：蜥臀目、鸟臀目。

的前部有一个裂凹，使得前上颚骨能够活动。科学家推测，它最喜欢吃的大概是其他动物的内脏，因为它的尖嘴可以伸进动物尸体的腹腔中，而头顶上那两块薄板状的冠状嵴可以在头伸进尸体的腹腔时起到支撑腔壁的作用。

双嵴龙也是环特提斯海动物群的成员之一，因此全世界发现的种类都大同小异。它们的化石在现代的南极洲也有发现，说明现在冰天雪地的南极洲在当时可能是一个温暖的恐龙天堂。

最大的蜥脚类恐龙——马门溪龙

马门溪龙是中国目前发现的最大的蜥脚类恐龙，因其发现于中国四川宜宾马门溪而得名。此属动物全长22米，体躯高将近4米。它的颈特别长，相当于体长的一半，不仅构成颈的每一颈椎长，且颈椎数亦多达19个，是蜥脚类中最多的一种。另外，其颈肋也是所有恐龙中最长的（最长颈肋可达2.1米）。与颈椎相比，背椎（12个）、荐椎（4个）相对较少。

马门溪龙属最著名的两个种：一为合川马门溪龙，发现于重庆市合川区和甘肃省永登县；另一个为建设马门溪龙，发现于四川省宜宾市。马门溪龙在蜥脚类演化史上属中间过渡类型，为蜥脚类恐龙繁盛时期（距今1.4亿年前的晚侏罗世）的早期种属，在侏罗纪末全部绝灭。

2006年8月26日，科学家们在新疆奇台县发现了一具马门溪龙化石，测量其体长达35米，是名副其实的"亚洲第一龙"。

马门溪龙复原图

这具蜥脚类食草恐龙化石与 1987 年在同一地点发掘的恐龙化石都是马门溪龙，身体总长度为 35 米，比中加马门溪龙长 5 米。令人惊讶的是，这条恐龙仅脖子就长 15 米，是世界上脖子最长的恐龙。

此前，中加合作考察队在距离这具恐龙化石 100 多米的山上，发现了多具恐龙化石，其中一具蜥脚类食草恐龙化石根据其颈肋长 1.4 米推断，它身长约 30 米、高约 10 米、重约 50 吨。当时，这条恐龙被确定为亚洲第一大恐龙，被命名为中加马门溪龙，其化石现藏于北京自然博物馆。

广角镜

三觭龙

恐龙在中生代是一支庞大的家庭，在当时的动物世界居统治地位。据统计，目前发现的恐龙属有 285 个，各有 336 个。三觭龙是觭龙中体积最大的，头上长着两只长矛似的角，另外一只角突起于眼睛和鼻孔之间。这样尖锐的武器，连最可怕的肉食恐龙都要让它三分。

➡ 走近腕龙

腕龙复原图

腕龙，生存于 1.45 亿～1.56 亿年前的侏罗纪晚期，是最高最大的恐龙之一。它是已知有完整骨架的恐龙中最高的。

腕龙有长脖子、小脑袋和一条短粗的尾巴，走路时四脚着地。腕龙的前腿比后腿长，每只脚有 5

个脚趾头，每只前脚中的一个脚趾和每只后脚中的3个脚趾上有爪子。腕龙的牙平直而锋利。腕龙的鼻孔长在头顶上。腕龙有个非常小的脑袋，因此不太聪明。它们成群居住并且一块儿外出。腕龙生小恐龙时不做窝，而是一边走一边生，这些恐龙蛋于是就形成了长长的一条线。腕龙不照看自己的孩子。腕龙吃东西时，不咀嚼就将食物整块吞下。

腕龙是所出现过的恐龙中最大和最重的恐龙之一。一个人的头顶只能够到这种庞然大物的膝盖。它有巨大的身躯、很长的脖子、小脑袋和长尾巴。一个巨大、强健的心脏不断将血液从腕龙的颈部输入它的小脑。一些科学家认为它也许有好几个心脏来将血液输遍它庞大的身体。沿着颈椎，那发达的肌肉帮助支撑它的头。与其他恐龙不同的是，腕龙的前腿比后腿长，这样能帮助它支撑它的长脖子的重量。腕龙吃树梢上的嫩叶，其他吃草类动物是够不着的。依靠长长的脖子，它能够摘取最高处的树叶。今天的长颈鹿也是如此。腕龙有发达的颌部，有犹如边缘锋利的勺子一般的牙齿，可夹断嫩树枝和树芽。腕龙需要吃大量的食物来补充它庞大的身体生长和四处活动所需的能量。一只大象一天能吃大约150千克的食物，腕龙每天能吃大约1500千克食物，是大象食量的10倍！它可能每天都成群结队地旅行，在一望无际的大草原上游荡，寻找新鲜树木。

侏罗纪期气候温暖，植物兴旺，为恐龙的生长提供了便利的条件。爬行动物有个特点，身体终生都在不停地生长，各种类型的恐龙都在不停地吃不

拓展阅读

恐龙的速度

有些恐龙体形构造很适合快速奔跑，以逃避攻击者或追捕猎物。善跑的恐龙体形都很相似：长长的后肢，可以加大步伐；而细长的腿和窄窄的脚，则能够让它们跑得更快、更有效率；身体其他部分通常很轻、也很短；至于细长的尾巴，则是平衡杆。有些行动敏捷的恐龙奔跑起来，最快时速能高达56千米，相当于赛马奔跑的速度。

停地长，而腕龙这样的大型恐龙生长速度更快，吃得也更多。身边的植物吃完后，它们利用长长的脖子不用移动身体就能吃到远处的植物，由于脖子很长转动时很迟缓，要是再长个大脑袋就更加笨重了，所以它们的头都非常的小，与整个身体不成比例。用现在的眼光看，它们的身体都是畸形的。头脑是指挥身体行动的"司令部"，脑量很少的话是不能协调身体运动的，腕龙即如此。为了解决这一矛盾，腕龙的中枢神经系统在腰部变大、膨胀，形成一个神经节，替大脑分管内脏和四肢的运动。这就是专家们所称的"第二大脑"和"恐龙有两个脑袋"的含义。

水对腕龙来讲是太重要了，水中的藻类、湖岸边的丛林为腕龙提供了丰富的食物，同时又部分弥补了腕龙体重过大、行动不便的弱点。更重要的是它保障了腕龙的安全，如果食肉恐龙来了，它们就迅速移到深水处，全身浸泡在水中，只把脑袋顶部的鼻孔露出水面呼吸，食肉恐龙只得望水兴叹。所以腕龙除了产蛋、转移湖泊时上岸外，长期都泡在水里。腕龙的鼻孔长在头顶上，就是为了方便在水里泡着的时候换气。腕龙潜水的本领可不小，它们可以长时间潜在水里不用换气，有些专家认为它们可以在水中潜 20 分钟以上。但现在有证据证明如果腕龙泡在水里，水压会压碎它的心脏。

➡️ 最具破坏力的暴龙

暴龙，是肉食性恐龙中出现最晚也是最大型、最孔武有力的品种。暴龙可能是地球上有史以来最大的陆生肉食动物，6500 万年前灭绝，结束在白垩纪。暴龙的头部非常巨大（长约 1.2 米）。强而有力的颚部上长有锯齿边缘的牙齿。和粗壮的脚比较起来，暴龙的手臂短小得多。古生物学家认为，这可能由于暴龙只用口捕猎，前肢绝少使用，因而渐渐变短变小，也因此演变成由后肢站立、前肢退化这种奇异的身体结构。暴龙虽然身躯庞大，骨骼却是空心的，而且头颅中有一些大而中空的洞，因而使得体重减轻，便于行走和捕猎。暴龙的尾巴长又粗，看来是一个强而有力的攻防武器，大概常以后肢及尾巴为重心，因此推测后肢和尾巴部分肌肉相当结实，破坏力比龙卷风还强大！

一般来说，学者们相信暴龙是肉食性恐龙中最为残暴的。从暴龙的化石发现，它的每颗牙齿大小不一，有的牙齿长度比人类的手掌还要长，有的小如人类尾指一节。牙齿由尖顶到基部都有斜旋锯齿，其凶猛程度可见一斑。暴龙颚部力量强大惊人，是数十头湾鳄颚颌力量的总和。它的头是所有恐龙中最大又最有力的，这种可怕的肉食性动物会用长着军刀般利齿的巨颚狠狠地一口咬死猎物，接着扭转强壮的颈部，将嘴中的肉块撕扯下来。张开的血盆大口更是吓人，里面生着两排向内弯曲的锐利牙齿，每颗有二三十厘米长，猎物一旦被咬住，即使是身上有着坚韧骨质甲胄的大型草食性恐龙也会承受不住。

暴龙复原图

如同其他的暴龙科恐龙，暴龙是二足恐龙，拥有大型头颅骨，并借由长而重的尾巴来保持平衡。长久以来，暴龙被认为只有 2 根手指，但在 2007 年发现的一个完整的暴龙化石显示它们可能具有 3 根手指。暴龙的饮食习性现时不明，以往科学家从暴龙的牙齿排列及形状来推断，认为暴龙可能是一种肉食性的顶级掠食动物，以鸭嘴龙类与角龙下目恐龙为食。但随着科学家利用暴龙的骸骨来制作模型，以模拟它们的行为，实验结果使他们认为暴龙其实应该是种食腐动物。另外，甚至亦有科学家指出当时根本没有足够肉食供暴龙食用，所以大多数时候它们都是吃素的。这些观点互相矛盾，到现在还未有统一的结论。

在古生物学界有一个争论是暴龙是否真的是一种积极的掠食者。

积极的掠食者的论据：暴龙的听觉很特殊，应该说耳朵在头颅上的位置很特殊，以至能收集到特定方向的声音。另外，它耳朵的外观虽然与其他恐龙相差不大，但其内部结构却有很大的改变。如此一来，暴龙能听到的音域就更广，也许能听到其他恐龙难以听到的低频率音波。因此推测暴龙可能以发出低音的恐龙（大部分的鸭嘴龙类）为猎物。

还有，暴龙的双颚是足以胜任狩猎工作的，像其他捕食动物一样，它的牙齿也是向后弯曲，牙尖朝着口部中央，这意味着，猎物在口中挣扎的时候，只能向喉咙的方向逃跑。而且，它的牙齿有很深的牙根，这使牙齿结实而不易于折断，更可以咬穿骨头，这也是暴龙下颚这么深的原因——牙齿的2/3以上其实是埋在牙龈里的。细腻的锯齿围绕着牙齿的前后两面，它们的作用像小钩，锯齿刺穿肌肉时，钩子能钩住肌肉的纤维，将其置于锯齿间，锯齿间有利刃的齿缘足以撕裂纤维。

拓展阅读

恐龙中的素食者

很多恐龙都是草食性的，其中包括了体形最大的蜥脚亚目恐龙，以及所有的鸟臀目恐龙。事实上，恐龙吃植物要比吃肉麻烦多了，因为植物是由纤维素和木质素构成的，这些坚韧物质必须先被分解处理后，才能被胃消化。为了解决这个问题，草食性恐龙演化出各种解决方法，例如蜥脚亚目恐龙根本不咀嚼，直接把咬下的食物吞进肚里，让胃里的细菌来发酵食物或让它们故意吃下去的小石子来磨碎食物；鸭嘴龙类的恐龙具有特殊的牙齿，可以先咬碎及研磨食物。

暴龙吃食腐肉的论据是，积极的掠食者的视觉系统应该是最发达的，可是暴龙不是如此，相反，它的嗅觉最发达，而嗅觉发达，毫无疑问是食腐的必备条件。还有，暴龙的体积巨大，这有利于赶走那些蜂拥而来的狩猎动物。

或许谁也想不到暴龙在最初的时候却如小狗一般大小，那么后来它又是怎样进化而来的呢？数十年来，古生物学家一直认为暴龙是其他巨型捕食者的后裔，例如跃龙、异特龙。这就是超级肉食恐龙的假设，似乎是理所当然的，但这并不正确。

跃龙为侏罗纪最大型的肉食性恐龙，体长约 11 米，估计体重 1500～2000 千克，为行动矫捷的凶猛捕猎者，狩猎时可能会跃进扑击猎物，故名。推测它会潜伏在植物丛中发动突击，强壮的前肢上长有 3 个指爪为重要的武器，一般以中型至大型草食性恐龙为食物。跃龙无疑是侏罗纪恐龙最强的天敌，但到了白垩纪中期，跃龙突然在地球上消失，取而代之的是自然历史上最强的陆上捕猎动物——暴龙。

跃龙复原图

最近几年发现的暴龙和肉食恐龙化石有很多不同之处，就拿它的脚为例子，它那突出的第三趾是很多白垩纪末期恐龙的特征，但它们都是小恐龙，并不是我们熟知的大型肉食恐龙，像鸵龙。暴龙其实是小型肉食动物，但后来演化成极为巨大的体形，和其他大型肉食恐龙并没有任何关联，从解剖学分析可以轻易地辨认出那些大型肉食恐龙与暴龙没有关系。

但是要追踪出暴龙的进化历程就甚为困难，因为化石记录中有一大段空白。最近，在加拿大艾伯塔省海拔 1300 米的山区发现了新的线索，这里有一段保存完好的史前海滨，线索烙印在此地已经有好几百万年了。加拿大恐龙足迹最多的地方是艾伯塔省一处叫"大仓"的煤矿，那里发现了甲龙等恐龙的足迹。这里一度是滨海的泥地，这个地点之所以重要是在于它的年代有一亿年之久，但附近却没有发现同时期的骨骸化石，所以专家们猜测，这是恐龙迁徙的时候留下的。在这些足迹里面并没有暴龙的，但是根据这些细长的足迹来判断，它们一定是某种巨型恐龙留下的，这也许是暴龙的祖先。

这种龙是暴龙演化过程中一个转折点，与当时其他小型捕食恐龙不同，它利用双颚来杀死猎物，而不是使用前肢。这种适应性变化造成暴龙的兴起和它独特的外形。暴龙最早来源于独身龙，独身龙体形细长，前肢也很长。演化至阿尔贝塔龙时，它的头变得更大，前肢变得更短。阿尔贝塔龙和暴龙类似，但细看各个特征的时候会发现它比暴龙更为原始。

到底谁是暴龙最近的亲戚？古生物学家认为有两种可能：

北美洲的恶暴龙，它的眼睛上方有一块大骨突，而在蒙大拿发现的恶暴龙化石，这个骨突就比较不突出，在早期的恶暴龙身上甚至更小。

北美洲恶暴龙复原图

亚洲的特暴龙，原本称为暴龙，但事实上它们有很多不同之处，例如连接头部的后脑干部分。

也许我们关注于暴龙的生存环境，与此同时，也会产生各种各样的想象。其实，在暴龙生活的时期，主宰着世界生态系统90%的叶片化石都是在北达科塔州发现的，在收集的3万多个叶片化石中，有90%的化石属于宽叶植物。

现在，在暴龙发现地的附近，仍然有暴龙时代的针叶植物如落叶松和它的亲缘植物，当时的景物和佛罗里达州或乔治亚州南部相类似，这个区域有些小树，高15～30米，树干直径不到0.3米。在暴龙生活的时代，现代的各科植物都已经出现了。所以暴龙生活的环境并没有想象的奇特。

目前已知最大型的暴龙头颅

广角镜

雷 龙

雷龙的体重在35吨到50吨之间，它那粗壮的腿犹如树干一样，长长的脖子直立起来有七层楼房那样高，可以说它是地球有史以来最大的动物。雷龙的身体虽然大得惊人，性情却很温和，平时以温带森林中的植物为食，有时会走入沼泽里，由于水具有浮力，可以减轻它身体的沉重负担，同时也能躲避肉食性恐龙的攻击。

骨长度为1.5米。与其他兽脚类恐龙相比，暴龙的头颅骨非常大型。暴龙的头颅骨后方宽广，口鼻部狭窄。暴龙的眼睛朝向前面，使双眼的视觉重叠区比较大，可以看到更广的立体影像，使暴龙具有颇佳的立体视觉。

揭秘剑龙

剑龙化石

剑龙为一种巨大的恐龙，生存于侏罗纪晚期，是四只脚的食草动物。它们被认为是居住在平原上并且以群体游牧的方式和其他如梁龙的食草动物一同生活。它的背上有一排巨大的骨质板，以及带有4根尖刺的尾巴来防御掠食者的攻击。剑龙大约可达12米长和7米高，重可达4000千克。

剑龙，也叫骨板龙，是一类体形较大的恐龙，背上长着许多骨板，尾端具有长刺，样子怪诞不经。如果不是从地层中发现了它们的骨骼化石，谁都不会相信在地球上曾经生活过这样奇特的动物。

剑龙是完全用四足行走的恐龙。大小与大象差不多，但体形却大不一样，前肢短，后肢较长，整个身体就像拱起的一座小山，山峰正好处在臀部。令人惊奇的是，从发现的化石得知，剑龙的

你知道吗

肉食性恐龙

肉食性恐龙是一群头大、后肢有力而前肢很短的大型恐龙。它们都属于兽脚亚目，常常被称为食肉龙或食肉蜥蜴。它们的头很大，双颚很长，颚骨上整排巨大弯曲的利齿看起来就像牛排刀边缘的锯齿一样。肉食性恐龙主要以其他恐龙为食，有时也吃动物尸体。

背上有两排三角形的骨板，从颈部排到尾巴，宛如一把把插着的尖刀。这些骨板有什么用处呢？长期以来，不少人对这个问题进行过研究，但是意见不一，至今还是一个谜。有人认为，骨板可以起到保护身体的作用。因为在侏罗纪的时候，陆地上的恐龙开始繁荣起来，肉食龙个体逐渐增大，这对食植物的剑龙威胁是很大的，剑龙只有以背上"刀山"一样的骨板防御敌人了。但是，身体裸露的地方怎么保护呢？所以有人又认为，骨板实际上是一种"拟态"，用于迷惑敌人。剑龙的骨板上带有各种颜色的皮肤和一簇簇像本内苏铁植物一样的东西，把自己装扮得不易被其他动物发现。近年来，有人又提出了新看法，认为剑龙的骨板具有调节体温的作用。当剑龙觉得体温太高时，就爬到阴凉处，这时就有大量血液流到骨板里，通过骨板散发热量，这是变温爬行动物的一种特殊适应方式。

世界上的古生物学家对剑龙的研究已有120多年的历史，自那时以来所发现的剑龙化石，大多是支离破碎的，完好的标本比较少。在少数完好的标本中，最引人注目的就是1886年费奇在美国科罗拉多州发现的"典型"的剑龙。它是一具有相当完美头骨的骨架化石，百余年来，世界各国古生物学家再也没有找到过这样完整的骨架化石。此外，非洲坦桑尼亚的刺棘龙骨架标本，虽然在世界上也占有重要地位，但头骨保存不全，整个骨架也是拼凑起来的。

在中国四川省自贡市大山铺发现的一种名叫"太白华阳龙"的剑龙，除几具骨架外，还包括两个完好的头骨。这一重要发现也和美国典型的剑龙一样载入了恐龙研究的史册。它的身长约4米，臀部高1.4米，是一只中等大小的剑龙。

广角镜

霸王龙

霸王龙的身体高达14米，体重大约10吨，它的后脚十分粗大强壮，甚至能各自撑起一只犀牛。霸王龙的每一颗牙齿都大如一个成人的手掌，即使是眼睛也比人头还大。虽然身体大部分都大得惊人，但是霸王龙的一对前肢却是既小又短，短得甚至于没有办法把食物送入口中。霸王龙是很凶猛的动物。

华阳龙化石的发现使华阳龙成了世界上罕见的剑龙之一。然而，华阳龙化石发现的意义远不止这一点。过去，人们都认为欧洲是剑龙的故乡，它们最早在英国南部生活，后来才移居到美洲、亚洲和非洲。自从华阳龙标本发现以后，它改变了许多古生物学家的看法，剑龙的起源中心应该在亚洲，理由是我国四川的华阳龙化石是在侏罗纪中期地层中发现的，而其他各大洲可靠的剑龙化石都是在这以后的侏罗纪晚期地层中发现的。由此，古生物学家周世武等人认为，华阳龙可能在侏罗纪中期有过一次大的分化，到侏罗纪晚期衍生出许多不同的属种，并扩散到亚洲以外的其他地方生活了，如美国的"典型"剑龙、非洲的刺棘龙以及欧洲的一些种类。

值得一提的是，在我国四川省自贡沙河坝还发现过一只侏罗纪晚期的剑龙化石，保存得相当完整。这条剑龙身长7米，臀部高2.5米，有颈椎13个，脊椎17个，荐椎4个，尾椎47个；它的头只有40厘米长，尾端长有两对长刺。这就是有名的"多刺沱江龙"。因为它首次发现于四川省四大江河之一的沱江流域，又因为它的背上有17对棘板（骨板），是目前已知剑龙中骨板最多的一种，所以就叫"多棘沱江龙"了。

剑龙，这种曾以"两个脑子"而闻名于世的恐龙，在侏罗纪晚期繁盛了一个时期，于白垩纪早期绝灭了。如今，我们只能通过它们的化石，尽情欣赏它们在恐龙家族中标新立异的形象。

有人认为，剑龙有两个脑子，事实上，这完全是一种谣传，任何动物都绝对不可能有两个脑子。有人说，在它的臀部还有一个脑子。实际上臀部只不过是有一个脊索，里面是个膨大的神经节，能通过神经网络与脑相通。这个膨大的神经节就像一个控制中心。这种控制中心对于像剑龙这样的大型动物来说是至关重要的。因为它能控制后肢和尾巴，遇到危险时用尾巴上的尾刺打击来犯之敌。

🕹 恐龙是怎么灭绝的

　　一颗耀眼的星体从天际缓缓地进入大气层，大气摩擦使得这颗星体四分五裂，分散出无数的小碎块，这些碎块像流星一样划过天空，落向大地，就像绽放的礼花。然而，星体没有完全分裂成小块，其中的主体仍然具有山峦般的体积，它冲向大地，无与伦比的撞击力立即在地球上引发了巨大的爆炸，滚滚的浓烟、弥漫大气的尘埃和排山移石的海啸一并涌来。顿时，无数的生命被摧毁，生机勃勃的自然界不复存在。这就是基于阿尔瓦雷斯父子在 20 世纪 80 年代提出的恐龙灭绝撞击说复原的景象。

　　支持小行星撞击说的科学家们推断，这次撞击相当于人类历史上发生过最强烈地震的 100 万倍，爆炸的能量相当于地球上核武器总量爆炸的 1 万倍，导致了 2.1 万立方千米的物质进入了大气中。由于大气中有高密度的尘埃，太阳光不能照射到地球上，导致地球表面温度迅速降低。没有了阳光，植物逐渐枯萎死亡；没有了植物，植食性的恐龙也饥饿而死；没有了植食性的动物，肉食性的恐龙也失去了食物来源，它们在绝望和相互残杀中慢慢地消亡。几乎所有的大型陆生动物都没能幸免于难，在寒冷和饥饿中绝望地死去。小型的陆生动物，像一些哺乳动物依靠残余的食物勉强为生，终于熬过了最艰难的时日，等到了古近纪陆生脊椎动物的再次大繁荣。

　　撞击假说的支持者发现了许多有力的证据来证明他们的观点。最有力的证据来自在 K/T（白垩纪和古近纪）地质界线上发现的铱异常和冲击石英。科学家们推测，这种高含量的铱元素就是那颗撞击地球的小行星带来的，冲击石英就是在撞击过程中形成的。

　　有一个美国人提出了一种类似的假说。他认为，在白垩纪末期撞击地球的凶手不是一颗小行星或者陨石，而是彗星雨。大量的彗星雨撞击到地球上，形成一个环绕地球一周的撞击带，其中有两块巨大的彗星体成为了恐龙大灭绝的"主犯"：一块形成了我们熟知的墨西哥湾附近的巨大陨石坑，另外一块撞击到现在的印度大陆上，形成的陨石坑比墨西哥湾的陨石坑还大。

知识小链接

彗 星

彗星，中文俗称"扫把星"，是太阳系中小天体之一类，由冰冻物质和尘埃组成。当它靠近太阳时即为可见。太阳的热使彗星物质蒸发，在冰核周围形成朦胧的彗发和一条稀薄物质流构成的彗尾。由于太阳风的压力，彗尾总是指向背离太阳的方向。

毫无疑问，恐龙在白垩纪最末期退出了生命演化的历史舞台，但复原它们在地球上最后的日子，推测它们是如何从地球上消失的，却不是件容易的事情。有不少学者认为，恐龙大灭绝并没有人们想象的那样惊心动魄，和许许多多其他已经消失的物种一样，恐龙的灭绝也是它们不能适应地球环境的变化而产生的一种正常现象。科学家们发现，大多数恐龙在白垩纪末期以前就退出了地球这个大舞台，即便是白垩纪末期的恐龙，也是逐渐地衰落。美国科学家研究了白垩纪最末期的恐龙化石记录，发现包括恐龙在内的各种各样的脊椎动物，是在大约50万年前的时间内慢慢地消亡的。

科学家们又研究了我国南雄地区白垩纪末期的恐龙蛋化石。他们发现这一时期的恐龙蛋壳中，包括铱在内的许多种元素的含量很异常，而且蛋壳的本身结构也不正常。他们推测，在白垩纪末期至古新世早期，印度德干火山的爆发造成天空弥漫着火山灰和有毒气体，环境被污染了，气候变恶劣了。恶劣的环境，尤其是被污染的食物对恐龙的生理产生负面作用，影响了恐龙的繁殖，最终导致了恐龙灭绝。非常有趣的是，他们发现恐龙的大灭绝不是突然之间完成的，而是持续了相当长的时间，甚至延续到了古新世。巧合的是，美国科学家在研究新墨西哥州古新世地层的时候，也发现恐龙在白垩纪末期没有完全灭绝，而是在古新世又存活了几十万年。当然，也有人对恐龙延续到古新世的观点提出了异议，认为这些恐龙其实生存于白垩纪末期，它们的化石之所以会出现在第三纪地层之中，是由于一些埋藏原因造成的。

除此之外，关于恐龙灭亡还有一些其他说法。

◎ 造山运动说

在白垩纪末期发生的造山运动使得沼泽干涸，许多以沼泽为家的恐龙无法再生活下去。因为气候变化，植物也改变了，食草性的恐龙不能适应新的食物，而相继灭绝。草食性恐龙灭绝，肉食性恐龙失去了食物，结果也灭绝了。这一灭绝过程持续了 1000 万 ~ 2000 万年，到了白垩纪末期，恐龙终至在地球上绝迹。

◎ 气候变动说

由于板块移动的结果，海流发生改变，更引起气候巨幅的改变。严寒的气候使植物死亡，恐龙因缺乏食物而导致了灭亡。

◎ 火山喷发说

因为火山的爆发，二氧化碳大量喷出，造成地球急剧的温室效应，使得生物死亡。而且，火山喷发使得盐量释出，臭氧层破裂，有害的紫外线照射地球表面，造成生物灭亡。

◎ 海洋潮退说

根据巴克的说法，海洋潮退，陆地接壤时，生物彼此相接触，因而造成某种类的生物绝种。例如袋鼠，它能在欧洲这种岛屿大陆上生存，但在南美大陆上遇见别种动物就宣告灭亡。

除了这种吃与被吃的关系以外，还有疾病与寄生虫等的传染问题。

◎ 温血动物说

有些人认为恐龙是温血性动物，因此可能禁不起白垩纪晚期的寒冷气候而导致无法存活。因为即使恐龙是温血性，体温仍然不高，可能和现生树懒的体温差不多，而要维持这样的体温，也只能生存在热带气候区。同时恐龙的呼吸器官并不完善，不能充分补给氧，而它们又没有厚毛避免体温丧失，却容易从其长尾和长脚上丧失大量热量。温血动物和冷血动物不一样的地方，就是如果体温降到一定的范围之下，就要消耗体能以提高体温，身体也就很快地变得虚弱。恐龙体躯过于庞大，不能进入洞中避寒，所以如果寒冷的日子持续几天，可能就会因为耗尽体力而遭到冻死的命运。

◎ 自相残杀说

有人认为造成恐龙灭绝的真正原因是因为它们自相残杀的结果——肉食性恐龙以草食恐龙为食，肉食恐龙增加，草食恐龙自然越来越少，最后终于消失，肉食恐龙因无肉可食，就自相残杀，最后同归于尽。

◎ 物种老化说

认为恐龙繁荣期长达一亿数千万年，使得肉体过于巨大化。而且，角和其他骨骼也出现异常发达的现象，因此在生活上产生极大的不便，终于导致绝种。恐龙中最具代表性的雷龙，体长25米，体重达3万千克。由于体形过于庞大，使动作迟钝而丧失了生活能力。另外，三角龙等则因不断巨大化的三只角以及保护头部的骨骼等部位异常发达，反而走向自灭之途。

◎ 生物碱学说

这种学说认为恐龙所生存的最后时期——白垩纪，开始出现显花植物，其中某些种类含有有毒的生物碱，恐龙因大量摄食，引起中毒而死亡。哺乳类能够借味觉和嗅觉来分辨有毒的植物，但是恐龙却没有这种能力。不过，含有生物碱的植物并非突然出现于白垩纪后期，在恐龙绝种的 500 万年前已经可以见到。此学说未说明何以恐龙在这段期间内仍能生存。

争论归争论，我们必须承认的是，在 6500 万年前地球上发生的一切，可能并不是单纯的一声巨响，它可能要比我们想象的更为复杂。很多科学家认为，白垩纪末期恐龙大灭绝的原因可能是多样的：有地外因素，也有地内因素；有环境因素，也可能有恐龙本身的生理原因。恐龙的大灭绝是一个复杂的事件，科学家们还需要走很长的路来揭示这一远古之谜。

◉▶ 蜥蜴和蛇的 "那点旧事"

蜥蜴类和蛇类是现存爬行动物中最兴盛的类群，分布于世界大部分地区。现存蜥蜴约 3000 种，而蛇类有大约 2400 种。它们的身体一般是长形，体被角质鳞片。这类动物很容易从头骨结构上与别的动物区别开来，它们

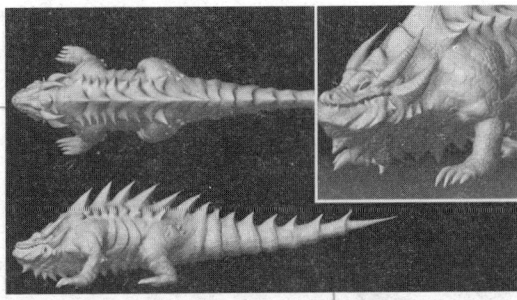

蜥蜴类动物

的头骨具有高度的活动性，在蛇中尤为突出。蜥蜴尾巴大多能够自断，断后又能再生，但断端的尾椎骨不能再生。

我们将蜥蜴类和蛇类合称为有鳞类。蛇是从蜥蜴类中演化出来的，确切无疑的有鳞类化石最早发现于中侏罗世。蜥蜴类在地

广角镜

蛇

　　蛇是爬行纲有鳞目蛇亚目的总称。身体细长，四肢退化，无足，无可活动的眼睑，无耳孔，无四肢，无前肢带，身体表面覆盖有鳞。部分有毒，但大多数无毒。

史中刚一出现就已经多种多样了。早在晚侏罗世，就发现了有鳞类中3个类群的化石记录。结合楔齿蜥的起源时间，推测最早的有鳞类应该至少在三叠纪就已经出现。有鳞类从中侏罗世开始迅速发展，以后在早白垩世，伴随最早的蛇类的出现，这个类群又有了一次大发展。曾经普遍认为蛇起源于掘穴的蜥蜴，近年来又有人认为蛇起源于海洋，与沧龙密切相关。一般认为，现代蜥蜴中巨蜥类与蛇类最接近。蛇的祖先可能在侏罗纪就从蜥蜴中分出来，可能与巨蜥类基干类群关系最近。

蛇是爬行动物中进化最快的类群。大多数现生蛇所在的科，是在中新世才开始大量发展起来的。蛇类有红外线感受器，如存在于蝰蛇类的颊窝和大多数蟒的唇窝，它们是热敏器官，对周围环境温度变化极为敏感，能在数十厘米的距离内感知 0.001 摄氏度的温度变化。这样它们就能在夜间准确地判断哺乳类或鸟类的存在及位置。蛇的这类捕食行为，还有蛇专门用来捕捉温血动物的某些头骨结构都表明，蛇的进化可能与当时哺乳动物的多样化密切相关。

科摩多龙

现代蜥蜴中最大的要数印度尼西亚的科摩多龙（也有称科摩多巨蜥），能长到 3 米多，捕食鹿和猪。在澳大利亚更新世发现的巨蜥化石则有科摩多龙的 2 倍大。但蜥蜴中最大的还数沧龙，这是晚白垩世的一种海生蜥蜴，有的个体长度可以超过 10 米。沧龙有着长长的尾巴，几乎占了身体的一半长。曾经发现过几百件保存极为精美的沧龙化石，但没在成年沧龙的体内发现过幼仔，估计它们和海龟一样还得回陆地下蛋。

许多蜥蜴有躯干延长、四肢退化的趋势，而这种趋势在蛇中发展到了极致。蛇的脊椎数目可达 500 块，尾前椎数目为 120 ~ 454 块。现代蛇基本没有了四肢：肩带和前肢完全退化，仅蟒中有后肢残余，盲蛇有腰带的残迹。人们用"画蛇添足"来比喻做事多此一举。但是如果算上化石，画蛇添足就未必错误了。例如，近年来在以色列发现的9500万年前的蛇化石，从头骨看可以归入典型的蛇类，却还保留了几乎完整的后肢。

蛇的外耳已经没有了，不过里面的方骨和镫骨还在，它们直接从地面拾取声波。声波在固体中比空气中传播要快得多，所以蛇类对地面的微弱振动极为敏感。

不少人提到蛇就会感到毛骨悚然，这一方面是害怕毒牙的伤害，另一方面是其体表色彩斑斓，让人觉得形态可憎。蜥蜴也是五颜六色，最有名的当数"变色龙"避役，它能随环境变化迅速改变体色。在遇敌害时身体胀大、迅速改变颜色，起到警戒和保护的作用。而很多毒蛇更是颜色鲜艳，身体具有色彩不同的环纹，意思是"小心点，别惹我"，真应了"打退不如吓退"的兵法精髓。早期的蛇大多靠使猎物窒息来

拓展阅读

蜥蜴与蛇同为有鳞目

蛇与蜥蜴尽管有许多相异之处，但就动物界发展过程中有机结构的演化程度上来看，它们都处于同一发展阶段，而且非常相近。所以世界上几乎所有的分类学家都把它们共置于爬行纲下的有鳞目中，区别为两个不同的亚目。蜥蜴亚目在全世界约有6000种，分隶20科，已知我国有蜥蜴约150种，分隶8科。

杀死猎物，就像今天的蟒一样：缠绕在猎物胸部，逐渐收紧，直至猎物断气。

我们常用"蛇吞象"比喻贪心不足，即使最长的蛇，拉丁美洲10米长的网蟒，或最重的蛇，227千克的水蟒，也不可能吞下大象。不过这句话也有其来由，蛇口可以张开很大，达到130度角，这时候就能吞下比蛇头大几倍的食物，如眼镜蛇吃鼠、蟒蛇吞山羊等。

有鳞类可归入鳞龙形类，这类还包括现存的楔齿蜥。楔齿蜥是爬行动物

中最古老的类群之一，它的同类在 2 亿多年前就已经出现。楔齿蜥是当今世界上最珍稀的动物之一，仅生活在新西兰的一些小岛上。传说中，二郎神有第三只神眼，楔齿蜥也有，就是长在松果孔处的顶眼。有些蜥蜴也有顶眼，但不如楔齿蜥的发达。楔齿蜥的顶眼具有角膜、晶体、视网膜等结构，但在其视网膜上并不能成像，主要起感光作用。这对靠日照调节体温的动物来说，显得极为重要。雄性楔齿蜥无交配器官，这在现代爬行动物里是独一无二的现象。楔齿蜥常寄居在信天翁、鸥等鸟类的洞穴中，夜间外出觅食，主要吃蠕虫和昆虫，有时也吃"房东"及它生的蛋。它一次产卵 5～15 枚，长约 3 厘米，孵化期长达 13 个月。20 年左右才能性成熟，寿命在 50 岁以上。

楔齿蜥

有鳞类的生活方式多种多样，有水生（包括海生）、半水生、陆生、树栖或地下穴居。现代蜥蜴中还特化出滑翔的飞蜥，它的肋骨沿两侧大大加长，支持着上面的皮膜。在早期鳞龙形类中，以及二叠纪的早期双孔类中，都出现过与飞蜥极为相似的滑翔者。鳞龙形类现在只有海蛇、海鬣蜥等少数种类生活在水里，在地史上却曾经有很多类群回到水中，包括前面提到的沧龙。这可能与鳞龙形类的运动方式有关：它们的脊椎侧向摆动是运动的主要方式，这种方式能够很好地适应水中的运动，这样它们身体结构不进行大的改变就能在水中生活了。

征服天空的"飞行员"

　　鸟类是由古爬行类进化而来的一支适应飞翔生活的高等脊椎动物。它们的形态结构除许多同爬行类外，也有很多不同之处。这些不同之处一方面是在爬行类的基础上有了较大的发展，具有一系列比爬行类高级的进步性特征。如有高而恒定的体温，完善的双循环体系，发达的神经系统和感觉器官以及与此联系的各种复杂行为等。

　　另一方面为适应飞翔生活而又有较多的特化，如身体呈流线形，体表被羽毛，前肢特化成翼，骨骼坚固、轻便而多有合，具气囊和肺。气囊是供应鸟类在飞行时有足够氧气的构造。气囊的收缩和扩张跟翼的动作协调。两翼举起，气囊扩张，外界空气一部分进入肺里进行气体交换。另外大部分空气迅速地经过肺直接进入气囊，未进行气体交换，气囊就把大量含氧多的空气暂时贮存起来。这一系列的特化，使鸟类具有很强的飞翔能力，能进行特殊的飞行运动。

最早的飞行家——昆虫

昆虫在地球上生活了至少 4 亿年。现存大多数的昆虫目级类群在 2.5 亿年之前已经出现。昆虫是第一类演化出飞行能力的生命体，大约在 3 亿年前的石炭纪出现了有飞行能力的昆虫，7000 万年以后才出现有飞翔能力的脊椎动物（飞龙类）。已描述的昆虫种数为 100 多万种，而总的昆虫种数据推测在 1000 万左右。许多的昆虫种类随后逐渐丧失了飞行能力，像虱子、跳蚤丧失了全部翅的残余。

原始的昆虫，如衣鱼，没有经历变态的阶段。之后，昆虫从水里登上陆地，为了适应新生活，它们的身体构造不断改变，从半变态到完全变态。此后，昆虫越来越表现出它们的强大生命力。

节肢动物是最早登陆的动物物种，很可能早在奥陶纪就已经

衣 鱼

开始尝试在陆地上生存。可能是这些早期陆生节肢动物在陆地上演化并产生昆虫。昆虫的假想祖先应该是具有同律体节的蠕虫状动物，每个体节都有一对附肢。在进化成昆虫的过程中，身体前部的几个体节集中并愈合形成头部，这些体节上的附肢则演变成了触角和口器；紧接在头部后面的 3 个体节仍然保持各自独立，每一个体节发育了一对强有力的运动器官——足，后来还发育了两对翅膀，形成了昆虫胸部的运动中心；胸部后面的体节变化很小，但附肢一般都退化掉了，仅有腹末体节的附肢演变成了尾须和产卵器官。

目前最早的昆虫来自早泥盆系布拉格阶莱尼燧石中。莱尼虫所体现出来

的有翅昆虫所具有的高级特征使人相信，它们绝对不是最早的昆虫，同时也表明，翅的起源时间应该更早，甚至会在距今 4 亿多年前的志留纪。

在最早的昆虫出现后相当长的时期，没有更大的动物同它们竞争，昆虫慢慢地演化并扩展开来，几千万年后才有行动缓慢的两栖动物来到陆地上，而且这些行动缓慢的两栖动物还不能远离水边，扩散的范围非常小，所以对于昆虫来说，除了昆虫自己和其他一些节肢动物，并没有强有力的天敌。在这个时期，植物的高度在发展，孢子植物的孢子由小演化

拓展阅读

昆 虫

昆虫是动物界中无脊椎动物节肢动物门昆虫纲的动物，所有生物中种类及数量最多的一群，是世界上最繁盛的动物，已发现 100 多万种。其基本特点是：体躯三段头、胸、腹，2 对翅膀 3 对足；1 对触角头上生，骨骼包在体外部；一生形态多变化，遍布全球旺家族。

到大，伴随植物的演化，具颚昆虫的口器也在发展，以便于咀嚼植物和孢子。

最古老的昆虫化石是一种无翅的弹尾目昆虫，发现在距今 3.5 亿年前的泥盆纪中期地层中。这种昆虫的躯体已经明显地分成了头、胸、腹 3 个部分。作为运动中心的胸部的出现，显然已经代表了昆虫这种新型节肢动物的诞生。另外一个叫作缨尾虫的原始无翅昆虫被发现在石炭纪地层中，但是在发现之初却被当作甲壳动物记载下来，直到 1958 年才被承认是一种原始的昆虫。当时，前苏联科学家沙诺夫在莫斯科的二叠纪地层里找到了一个类似的物种，这些化石与现代的缨尾虫非常相似。后来，科学家又在墨西哥的石炭纪早期地层和欧洲的二叠纪地层中发现了更多的昆虫物种，它们有的很小，有的则可以大到 30 毫米以上。

从昆虫的假想祖先进一步向前追溯，科学家认为可以将其起源一直追踪到一支古老的陆生节肢动物身上。节肢动物早在大约 10 亿年前的前寒武纪就已经生存在地球上了。最初，它们生活在沿着海岸线分布的浅海中，后来，

它们向着两个相反的方向进化：一支进入开阔的大洋和海洋深处，演变成现代海洋中非常繁盛的虾、蟹等甲壳动物；另一支则离开海洋去开拓尚未被占领的全新的陆地生态环境，演化成今天随处可见的蜈蚣、蚰蜒等多足类和蜘蛛、蝎子、蜱、螨等蜘蛛类以及昆虫类，最终成功地征服了干燥的陆地。其中，

缨尾虫

最为成功的昆虫从出现开始，就显示出了极为强大的生命力，在地球上迅速地发展了起来。

昆虫的翅膀是怎样进化来的？化石证据表明，最早的有翅昆虫是在石炭纪晚期出现的。距今大约 3 亿年前，大地上到处都生长着高大茂密的森林，不过树种与现代的完全不同，主要是热带的蕨类植物，如木贼、石松和各种木本蕨类。现代的蕨类都是一些矮小的植物，可是在遥远的古生代里，蕨类植物却可以长成参天大树，有些甚至可以高达 40 米。有翅昆虫就在这样的环境里出现了。它们成群地在森林里飞来飞去，种类也很快地越来越繁杂。实际上，这些高大的树木正是昆虫获得翅膀的环境条件，因为昆虫只有先上树，

蟹

适应了树上生活以后，才有产生翅膀的需要和可能。

虽然发现有翅昆虫化石的最早时代是石炭纪晚期，但是根据种种事实推测，有翅昆虫的起源是发生在泥盆纪末期或石炭纪初期。泥盆纪地层中已经有煤层存在，说明当时已经出现了森林。生活在这些森林里的昆虫，首先借助于胸背侧突

在树木间滑翔，尔后，在滑翔的基础上，自然选择的结果使胸背侧突一代代地逐渐扩展，昆虫的滑翔距离就可以越来越远，最后，胸背侧突终于发展成了能够自由飞翔的翅膀。

翅的产生是昆虫进化史上最为重要的事件。翅的产生使昆虫的胸部构造、肌肉系统以及整个有机体都发生了很大的变化，促使了神经系统的发展，也意味着昆虫行为的复杂化。由于获得了翅膀，昆虫能够适应更为多种多样的环境，从而打开了更加广阔的生活空

趣味点击 昆虫种类知多少

最近的研究表明，全世界的昆虫约有 1000 万种，约占地球所有生物物种的一半。但目前有名有姓的昆虫种类仅 100 万种，占动物界已知种类的 2/3 ~ 3/4。现在世界上每年大约发表 1000 个昆虫新种，它们被收录在《动物学记录》中。

间。借助于飞行，昆虫能够在更加广阔的范围内散布、迁徙、求偶、觅食以及躲避敌害。当时，脊椎动物中的两栖类已经登陆，有翅膀的昆虫能够更有效地逃脱两栖类以及蝎子和蜘蛛的捕食。这一切都为昆虫纲日后的繁荣发展奠定了良好的基础。

在地球生命的进化历史上，昆虫是最先获得飞行能力的动物，比爬行动物和鸟类获得飞行能力早了至少 5000 万年。

▶ 鸟类祖先——始祖鸟

始祖鸟是鸟类的祖先，生活于侏罗纪的启莫里阶（地质学上的地层年代），距今约 1.55 亿年到 1.5 亿年。

先前的始祖鸟约为现今鸟类的中型大小，整体而言，始祖鸟可以成长至1.2 米长。它的羽毛与现今鸟类羽毛在结构及设计上相似。但是除了一些与鸟类相似之处外，还有很多兽脚亚目恐龙的特征：它有细小的牙齿，可以用来

捕猎昆虫及其他细小的无脊椎生物。始祖鸟亦有长及骨质的尾巴，脚有三趾长爪，其中一个趾类似盗龙的第二趾。这些不像现今鸟类的特征，却与恐龙极为相似。

由于始祖鸟有着鸟类及恐龙的特征，因此，始祖鸟一般被认为是它们之间的连接，被科学家猜想为它可能是第一种由陆地生物转变成鸟类的生物。

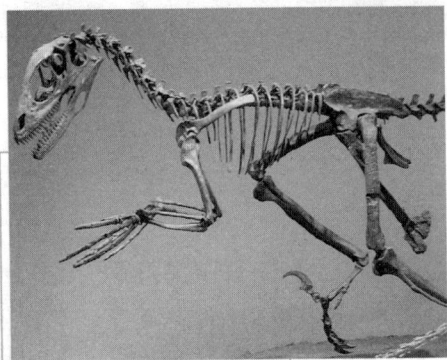

恐爪龙化石

始祖鸟的首个遗骸是在达尔文发表《物种起源》之后两年发现的。始祖鸟的发现似乎确认了达尔文的理论，从此成为恐龙与鸟类之间的关系、过渡性化石及演化的重要证据。

目前，世界上只发现10例始祖鸟的化石，第10例化石表示始祖鸟属于驰龙。研究证明，正是它进化出了迅猛龙与恐爪龙。

这10例始祖鸟化石大都是在德国的巴伐利亚州的石灰岩层中发现的，距现在已有1.5亿年了。这些化石上有清晰的羽毛印痕，而且分为初级和次级飞羽，还有尾羽。

那么类似于始祖鸟的近鸟类动物是怎样从地栖生活转变为飞翔生活的呢？关于这个问题，有两种说法：一种认为，盗龙之类的动物在树上攀缘，逐渐过渡到短距离滑翔，进一步变为飞翔；另一种认为，原始鸟类是双足奔跑动物，靠前肢网捕小型动物为

广角镜

鸟类的数量

全世界现有鸟类9000余种，我国有1329种。绝大多数营树栖生活，少数营地栖生活。水禽类在水中寻食，部分种类有迁徙的习性，主要分布于热带、亚热带和温带。鸟类体表被羽毛覆盖，前肢变成翼，具有迅速飞翔的能力。身体内有气囊。体温高而恒定，并且具有角质喙。

食，前肢在助跑过程中发展成翅膀。

始祖鸟虽然仅仅发现在化石里，但它为鸟类起源于恐龙提供了证据。

▶ 鸟类中的 "进步者" ——朝阳鸟

孔子鸟比始祖鸟要进步得多，已经有了角质喙，飞行能力也比始祖鸟要强得多。更进步的是朝阳鸟，它被认为是现在鸟类的直接祖先。

朝阳鸟的一个主要特征是胸廓中发现了钩突结构，颈椎间的关节连接紧密，类似始祖鸟和孔子鸟。胸椎椎体明显加长，神经脊也明显增高，但彼此并不愈合，所以虽然朝阳鸟属于今鸟类，但仍保留了许多原始性状。

▶ 不可飞翔的鸟——恐怖鸟

恐怖鸟生存于距今 2700 万年到 150 万年间，如今已全部灭绝。它可能起源于欧亚大陆，来到美洲后由于处于食物链顶端，没有生存竞争对手，一度进化得相当巨大，直到更加凶猛的猫科动物进入美洲才逐渐衰落。

恐怖鸟身高达 3 米，体重 200 千克，是一种不能飞翔的鸟类。它们天性喜好食肉猎杀，可以一口吞下一只狗。具有惊人的奔跑速度，甚至现今世界奔跑速度最快的猎豹也无法与之媲美。当它将猎物尸体饱餐一顿后，会用强壮的腿部把猎物骨头击碎，吸食碎骨中的骨髓。

恐怖鸟的体态与鸵鸟十分相似，但是恐怖鸟却是一种食肉动物，拥有着强壮的双腿，快速奔驰在数百万年前的南美洲，厚重有力的脚爪可将猎物置于死地。

恐怖鸟家族中体形最小的种类只有 8 千克重，它除了没有翅膀之外，身体特征与鹰十分相似。在 2700 万年前至 150 万年前的地球，恐怖鸟无疑是恐

龙的接班人，成为地面上最可怕的掠食动物。

那么后来恐怖鸟是怎样灭绝的呢？原来在恐怖鸟生活的那个时期，南美洲还是一个漂离的大陆板块，在这个与其他陆地隔绝的世界，没有更强壮的掠夺动物与恐怖鸟竞争，同时，恐怖鸟也没有天敌，因此它当上了南美洲的霸主。

然而，大约 300 万年前，南美洲、北美洲大陆板块发生碰撞，从此在北美洲生活的掠夺动物如美洲虎和剑齿虎的身影也出现在南美洲。一些考古专家认为，正是由于南、北美洲大陆碰撞，导致大量北美洲掠夺动物涌入南美洲，在残酷的自然竞争下，恐怖鸟渐渐退出了强大的掠夺动物之列，慢慢走向灭亡。

目前，科学家对恐怖鸟的生活习性了解甚少，考古界发现骨骼完整的恐怖鸟化石寥寥可数。现今世界上任何一种不能飞翔的鸟类的体形都不可能比恐怖鸟大。鸵鸟的体形很大，与恐怖鸟有相似之处，却是一种典型的素食主义者，而且鸵鸟体形不如恐怖鸟那样强壮有劲，更不具凶残嗜血的掠食习性。

拓展阅读

鸟类的压纲

现今已知鸟类分为四个亚纲，即古鸟亚纲、今鸟亚纲、反鸟亚纲（已灭绝）、蜥鸟亚纲（已灭绝）。古鸟亚纲，以始祖鸟为代表，它也可能是恐爪龙类，那样该亚纲会被废除。今鸟亚纲，包括白垩纪以来的一些化石鸟类以及现存鸟类。

新生须哺乳

　　哺乳类动物是一种恒温脊椎动物，身体有毛发，大部分都是胎生，并用乳腺哺育后代。哺乳动物是动物发展史上最高级的阶段，也是与人类关系最密切的一个类群。

　　哺乳动物具备了许多特征，因而大大提高了后代的成活率，增强了对自然环境的适应能力。其主要特征是：智力和感觉能力进一步发展；保持恒温；繁殖效率提高；获得食物及处理食物的能力增强；体表有毛，胎生，一般分头、颈、躯干、四肢和尾五个部分；用肺呼吸；脑较大而发达。

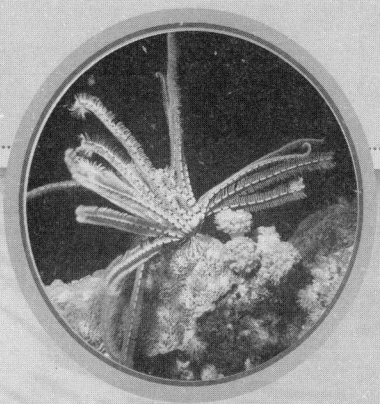

追忆哺乳动物的先祖

哺乳动物是从爬行动物中的下孔类演化出来的，这支羊膜动物早在石炭纪（3亿多年前）就与别的动物分道扬镳了。在晚石炭世的最早期的羊膜类中，就已经有了它们的身影。下孔类可分为盘龙类和兽孔类两大类。

资料显示，盘龙类从石炭纪一直延续到早二叠世。盘龙类中的楔齿龙类是早二叠世陆地上的肉食统治者，从这类中产生了兽孔类。盘龙中有的种类有着长长的背棘，如同船帆似的，如肉食的异齿龙及植食的基龙，而且基龙棘上还长有交叉的横条。科学家推测它们的"帆"是用以调节体温的，能够迅速吸收或放出热量，这也证明这些动物是变温动物而不是恒温动物。盘龙化石大多发现于北美洲和欧洲，我国至今还没有发现此类化石。

兽孔类主要包括恐头兽类、二齿兽类及兽齿类。

恐头兽类有肉食和植食两大类型，只生存于二叠纪，没有留下后代。

二齿兽类是二叠纪、三叠纪最为繁盛的类群，以植食为主。典型的二齿兽仅在上颌有两个"犬齿"。二齿兽类包括二齿兽、水龙兽、肯氏兽等，其中最有名的当数水龙兽。水龙兽曾经在地球上极为繁盛，它的足迹遍及现在的南非、中国、印度和俄罗斯等地，可能还有澳洲。1969～1970年，美国古生物学家在南极洲发现了它的踪影，使水龙兽更加名扬天下。作为一类非海生动物，它在各大洲的广泛分布被认为是"大陆漂移

你知道吗

兽孔类

从哺乳动物最古老的祖先盘龙目开始，直到哺乳类，从其中的盘龙科分化出兽孔类。像哺乳类那样，兽孔类在头骨的颞区有一个颞孔。大多数种内，牙齿分化成像哺乳动物的门齿、短剑状的大犬齿及一系列研磨用的颊齿。晚三叠纪，甚至侏罗纪有一些兽孔类，但大多数到那时绝灭，或已演化为原始的哺乳类。

说"的最好佐证。和水龙兽一起用来证明大陆漂移的化石证据，还有舌羊齿、中龙及犬颌兽。与啮齿类一样，有些二齿兽，如双齿兽、小头兽还能掘洞而居。古生物学家在南非卡鲁地区晚二叠世（约2.5亿年前）形成的岩石中，就偶然发现了它们令人惊叹的洞穴。这些巨大的洞穴为螺旋形，开口处直径约6厘米，螺旋向下逐渐扩大，基部约16厘米，然后伸直，其截面宽约25厘米，从原来地表到底部的"卧室"深0.5～0.7米。

兽齿类动物示意图

兽齿类是肉食类群，包括兽头类、丽齿兽类和犬齿兽类，以犬齿兽类最为兴旺。在三叠纪早期，犬齿兽类兴起，取代了晚二叠世的兽头类和丽齿兽类。在犬齿兽中也有吃植物的，其中最特化的是三列齿兽，它们曾经被当作原始哺乳类。我国发现的卞氏兽就属于此类。犬齿兽类（不包括哺乳类）从晚三叠世一直延续到侏罗纪，甚至还有年代更晚的说法。哺乳类在三叠纪后期就从犬齿兽类中产生了，但由于化石材料的缺乏，哺乳动物确切起源于哪一种动物，还是一个未解之谜。

▶ 最古老的哺乳动物——鸭嘴兽

鸭嘴兽，是澳大利亚的单孔类哺乳动物，也是最古老而又十分原始的哺乳动物，早在2500万年前就出现了。它本身的构造提供了哺乳动物由爬行类进化而来的许多证据。

鸭嘴兽长约40厘米，全身裹着柔软褐色的浓密短毛，脑颅与针鼹相比，较小，大脑呈半球状，光滑无比；四肢很短，五趾具钩爪，趾间有薄膜似的蹼，酷似鸭足，在行走或挖掘时，蹼反方向褶于掌部；吻部扁平，形似鸭嘴，嘴内有宽的角质牙龈，但没有牙齿；尾大而扁平，占体长的1/4，在水里游泳时起着舵的作用。它的体温很低，而且能够迅速波动。

雄性鸭嘴兽后足有刺，内存毒汁，喷出可伤人，几乎与蛇毒相近。人若受毒足刺伤，即引起剧痛，以至数月才能恢复。这是它的"护身符"。雌性鸭嘴兽出生时也有毒足，但在长到30厘米时就消失了。鸭嘴兽为水陆两栖动物，平时喜穴居水畔，在水中时眼、耳、鼻均紧闭，仅凭知觉用扁软的"鸭嘴"觅食贝类。鸭嘴兽食量很大，消化机能特强，它的体重不到1千克，但每天所消耗食物与自身体重相等。

母体虽然也分泌乳汁哺育幼仔成长，但却不是胎生而是卵生，即由母体产卵，像鸟类一样靠母体的温度孵化。母体没有乳房和乳头，在腹部两侧分泌乳汁，幼仔就伏在母兽腹部上舔食。鸭嘴兽幼体有齿，但成体牙床无齿，而由能不断生长的角质板所代替，板的前方咬合面形成许多隆起的横脊，用以压碎贝类、螺类等软体动物的贝壳，或剁碎其他食物，后方角质板呈平面状，与板相对的扁平小舌有辅助的"咀嚼"作用。

鸭嘴兽

澳大利亚的鸭嘴兽是澳大利亚特有的非常特殊乳汁单孔目动物。它的嘴和脚像鸭子，尾部像海狸，是世界上仅有的两种生蛋的哺乳动物之一（另一种是针鼹）。成年鸭嘴兽长度有40～50厘米，雌性重量为700～1600克，雄性为1000～2400克。

研究表明，鸭嘴兽大多时间都在水里。鸭嘴兽生长在河、溪的岸边。它的皮毛有油脂，能保持它的身体在较冷的水中仍保持温暖。

鸭嘴兽是夜行性生物，它们惯于白天睡觉，夜晚出来觅食。青蛙、蚯蚓、昆虫等都是它们的食物。鸭嘴兽在水中追逐交尾，在岸边所挖的长隧道内进行生殖。一次可最多生3个蛋，似乌龟蛋状。小鸭嘴兽孵化出世后，靠母乳喂养4个月方能自己外出觅食。6个月后的小鸭嘴兽就得学会独立生活，自己到河床底觅食了。

鸭嘴兽能潜泳，常把窝建造在沼泽或河流的岸边，洞口开在水下，包括山涧、死水或污浊的河流、湖泊和池塘。它们在岸上挖洞作为隐蔽所，洞穴与毗连的水域相通。它们用爪挖洞的本领很高，即使在坚硬的河岸，十几分钟也能挖一米深的洞。有的洞长达几十米，里面有宽敞的"卧室"，准备产卵用。卧室里铺着树叶、芦苇等干草，俨然是个舒适的"床铺"呢！它是水底觅食者，取食时潜入水底，每次大约有1分钟潜水期，用嘴探索泥里的贝类、蠕虫、甲壳类小动物、昆虫幼虫和其他多种动物性食物以及一些植物。鸭嘴兽分布在澳大利亚南部及塔斯马尼亚岛，是现存最原始的哺乳动物，是形成高等哺乳动物的进化环节，在动物进化上有很大的科学研究价值。

鸭嘴兽是最奇特的动物，在历史上，还曾因此发生过一个有趣的小故事。据说，1880年一个鸭嘴兽标本从当时的英国殖民地澳大利亚送到伦敦时，曾使英国有名的生物学家们大发雷霆。他们断言，这个标本是几种不同的动物拼凑起来的，并扬言要追查是什么人敢如此恶作剧。

鸭嘴兽实在是很怪的。说它是兽类吧，它却是靠下蛋繁

拓展阅读

哺乳动物的皮肤

哺乳动物的皮肤结构完善，有着重要的保护作用，有良好的抗透水性，控制体温及敏锐的感觉功能。为适应于多变的外界条件，其皮肤的质地、颜色、气味、温度等能与环境条件相协调。哺乳动物的皮肤由表皮和真皮组成，表皮的表层为角质层，表皮的深层为活细胞组成的生发层。

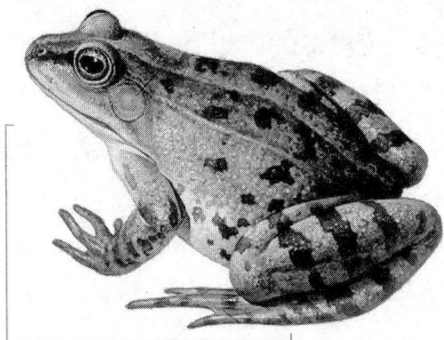

鸭嘴兽的食物之一

殖后代；说它是爬行动物吧，可它孵出的后代都是靠哺乳喂养的。真是"不伦不类"。我们知道，一般从蛋中孵出的小动物是不吃奶的，如鸡、鸭、鸟、蛇；而一般吃奶的动物是胎生的，不下蛋的，像猫、狗、猪、羊。

由于鸭嘴兽既下蛋，又吃奶，生物学家们伤透脑筋，不知道该把它列入哪一类动物。经过多年的争论，最后，只好以毛和奶作为决定分类的依据，将鸭嘴兽列入哺乳类，称它为"卵生哺乳动物"。因为世界上只有哺乳动物有圆的毛（鸟类的羽毛是扁的）和分泌真正的乳汁，而这两个特点鸭嘴兽都具备。

探索有袋类动物

有袋类是哺乳类动物中的一种，最早出现在恐龙灭绝后的1500万年里，后在新生代初期，经过陨石浩劫，恐龙的位置顺理成章地让给哺乳类动物。

有袋类最明显的特征是早产，早产儿会待在母体之育儿袋里吸奶长大。该类动物以其口袋状之育儿袋得名。育儿袋是一层覆盖乳头的皮肤。现今存活的此类动物如袋鼠、腹鼠和无尾熊。

有袋类是哺乳动物的一个目，主要分布在大洋洲，美洲也有少数。距今约5000万年前，澳洲和南极洲分开，被辽阔的海洋和其他陆地隔开，自此踏上了隔离演化的道路。

现生的有袋类动物均分布于大洋洲及南美洲的草原地带，不过在白垩纪晚期及第三纪早期的时候，可能遍布于世界的大部分地区。它们是哺乳类中一个古老的类群，随着高等哺乳动物——真兽类的兴起，在生存竞争上处于劣势，特别是成为食肉类动物的捕食对象，使其在亚洲、欧洲和非洲等大陆相继绝迹。而在此之前，大洋洲就已经与其他大陆分离开来，形成一个"世外桃源"，孤立于太平洋与印度洋之间，不仅食肉类等高等哺乳动物未能侵入，而且气候环境等也没有太大的变化。这使得有袋类动物能够幸运地生存至今，并且由于适应各种不同的生活方式，发展了类似于高等哺乳动物的各种生态类群，如生活方式类似于狼、鼬等食肉类动物的袋狼、袋鼬；生活方式类似于鹿、羊和羚羊等食草类动物的袋鼠；生活方式类似于旱獭、松鼠、野兔等啮齿类或兔类的袋熊、袋貂和袋兔等。大洋洲也因此成为研究动物的适应辐射和进化趋同的重要地区，并被称为"活化石的博物馆"。

知识小链接

真兽类

真兽类包括除单孔类、有袋类及已绝灭的始兽、多瘤齿兽类、蜀兽类以外的一切有胎盘类哺乳动物，是现代地球上的主宰动物，分为约30个目，其中包括人类所属的灵长目及一些完全绝灭的目。

澳洲的动、植物都独立发展。由于完全没有种族上的来往，基于环境适应的考虑，当地的动物开始发展出有育儿袋的特征，就是今天著名的有袋类动物。简单点来说，有袋类动物是隔离演化的产物。澳洲的有袋类动物总共有250多种，袋狼也在地球上生活超过几百万

袋 熊

年，但由于种族老化，5 万年前只余下一个品种。

拓展阅读

哺乳动物的骨骼

哺乳动物的骨骼系统发达，支持、保护和运动的功能完善。主要由中轴骨骼和附肢骨骼两大部分组成。其结构和功能上主要的特点是：头骨有较大的特化，具两个枕骨踝，下颌由单一齿骨构成，牙齿异型；脊柱分区明显，结构坚实而灵活，颈椎 7 枚；四肢下移至腹面，出现肘和膝，将躯体撑起，适应在陆上快速运动。

其他著名的有袋类动物还有袋鼠、袋熊、无尾熊等。有袋类动物在澳洲生存几千万年，它们并没有外来的敌人，因为几千千米阔的大海洋已经把澳洲跟所有的其他动物分开。有袋类动物有不少是靠吃植物为生的，由于没有外来的敌人，唯一能够抑制它们数量的因素就是袋狼。袋狼约长 1 米，特征是它的背后有 15 ~ 20 条像老虎的斑纹。

后兽次亚纲中唯一的一个目就是有袋目。它在白垩纪起源于古兽类祖先后即经历了大发展，在全世界广泛分布，与原始的有胎盘类哺乳动物处于多少相等的地位而彼此竞争着。但是随着新生代的来临，有胎盘类开始显示出更加强劲的进化优势，使得有袋类在大部分的大陆区域内大大衰退并最终灭绝。

❤️ 最早飞行的哺乳动物——远古翔兽

当鸟类祖先还在学习如何飞翔的时候，一种生活在 1.25 亿年前的哺乳动物——远古翔兽已经掌握了飞行的技巧。作为世界上最早的能够飞行的哺乳动物，它的出现使得飞行哺乳动物的历史提前了将近 8000 万年。

2006 年初，我国古生物学家在内蒙古宁城发现了一枚带翼膜的哺乳动物

远古翔兽示意图

化石。由于这种哺乳动物以前从未发现，古生物学家不得不在哺乳动物族谱里专门为它创建了一个新的类别——翔兽目，并把它命名为"远古翔兽"。

从外观上看，远古翔兽综合了松鼠和蝙蝠的特征。它的全身覆有毛发，四肢之间有翼膜，可以在树丛之间滑翔。翔兽体长 12～14 厘米，体重很轻，大约只有 70 克，靠食小昆虫为生。远古翔兽早已经灭绝，也没有留下任何后代。但是这块化石保存得非常完整，连毛发和翼膜的痕迹都清晰可见。

据科学家分析，远古翔兽生活在 1.25 亿年前，当时还是恐龙统治天下的年代，它的出现时间比现代鸟类祖先玉门甘肃鸟还早了 150 万年。研究人员在《自然》杂志上刊登的论文中写道："这项发现使得哺乳动物滑翔的记录又提早了至少 7900 万年。当鸟类还在学习如何飞翔的时候，它已经养成了在空中生活的习惯。即使不比鸟类早，也至少是同时。"

在这块远古翔兽化石出现之前，蝙蝠曾被认为是世界上最早出现的飞行哺乳动物，目前发现的最古老的蝙蝠化石历史可以追溯到 5100 万年前。

趣味点击　蝙蝠的栖息环境

蝙蝠居住在各类大、小山洞，古老建筑物的缝隙、天花板、隔墙以及树洞、山上岩石缝中，而一些南方食果的蝙蝠还隐藏在棕榈、芭蕉树的树叶后面。有些蝙蝠种群上千只在一起，有些蝙蝠雌雄在一起生活，有些则是雌雄分开栖息。许多栖息在树林中的蝙蝠冬季时迁徙到温暖地区，有时要飞过数千里路。

昔日 "霸王" 象——猛犸象

猛犸象的生活年代可追溯到 11 000 年前，首次出现是 480 万年前，约 5000 年前神秘灭绝。

猛犸象，属古脊椎动物，哺乳纲，长鼻目，真象科。学名真猛犸象，也称长毛猛犸象。

猛犸是鞑靼语 "地下居住者" 的意思，曾经是世界上最大的象。它身高体壮，有粗壮的腿，脚生四趾，头特别大，在其嘴部长出一对弯曲的大门牙。一头成熟的猛犸象，身长达 5 米，体高约 3 米，与亚洲象相近。门齿长 1.5 米左右，虽然身高不高，但身体肥硕，因而体重可达 6000～8000 千克。它身上披着黑色的细密长毛，皮很厚，具有极厚的脂肪层，厚度可达 9 厘米。从猛犸象的身体结构来看，它具有极强的御寒能力。与现代象不同，它们并非生活在热带或亚热带，而是生活在北方严寒气候的一种古哺乳动物。大小近似现代的象，但头骨比现代的象短而高。体被棕褐色长毛。无下门齿，上门齿很长，向上、向外卷曲。臼齿由许多齿板组成，齿板排列紧密，约有 30 片，板与板之间是发达的白垩质层。曾生存于亚、欧大陆北部及北美洲北部更新世晚期的寒冷地区。前苏联西伯利亚北部及北美的阿拉斯加半岛的冻土层中，都曾发现带有皮肉的完整个体，胃中仍保存着当地生长的冻土带的植物。我国东北、山东、内蒙古、宁夏等地区也曾发现过猛犸象的化石。科学家认为，地球上的猛犸象是死于突如其来的冰期，使得死亡后的尸体即遭冻结，故未来得及腐烂。又由于千百年来在地穴中受到冰雪的保护掩埋，故能被完整地保存下来。在阿拉斯加和西伯利亚的冻土和冰层里，曾不止一次发现这种动物冷冻的尸体。据记载，2009 年在俄罗斯的冻土里发现一具有毛、有皮的公的猛犸象的尸体，现在被保存在中国。科学家对其进行了展览，但光线、温度都有严格控制，要在零下 14 摄氏度以下，展览柜的玻璃就要 15 万美元。

在科学家对其进行扫描时，还在它体内发现了活的脑干细胞。

猛犸象生活在北半球的第四纪大冰川时期，距今 300 万年～1 万年。由于猛犸象身被长毛，可抗御严寒，一直生活在高寒地带的草原和丘陵上。当时的人类与其同期进化，开始还能和平相处，但进化到了新人阶段，猛犸象就是他们猎取的主要对象，人类集体协同作战，捕杀成群的猛犸象。

猛犸象复原图

在法国一处昔日沼泽的化石产地，人们挖掘出了猛犸象的化石。从化石的排列上可以看出：猛犸象被肢解了，四条腿骨前后相连排成一线，头骨被砸开，肋骨有缺失。根据这个现场，专家们勾画了一幅当时的画面：原始人齐心协力将一头猛犸象逼进了沼泽将它陷住，大家在沼泽边用石块和长矛把象杀死。先上去几个人把象腿砍下来，搭到沼泽边，让其他人踩着象腿走到象身上，割下人块带肋骨的象肉，用长矛插着运回驻地。有人用工具砸开象头，吞食尚还温热的象脑（用今天的眼光看，他是在大吃补品），砍下象鼻，挖出内脏。运走了这头象可食的部分，其余的便丢弃在沼泽里。在漫长的岁月中，沼泽水枯泥干，成为干燥的土地，在偶然的机会中被发现有化石，再现了当年的场面。

猛犸象化石出土最多的地方是在北极圈附近。阿拉斯加的爱斯基摩人用象牙化石做屋门。北冰洋沿岸俄罗斯领海中有一个小岛，岛上的猛犸象化石遍地都是。这些化石是冰块流动时从岸边泥土中带出的，堆积到了这个小岛上。由于猛犸象绝灭不过 1 万年的时间，而在自然界中化石的形成需要 2.5 万年，所以猛犸象的化石都是半石化的，像中药里的"龙骨"一样，也是可以用来做药的。更有甚者，前苏联古生物学家在西伯利亚永久冻土层中竟然发现了一头基本完整的猛犸象！它的皮、毛和肉俱全。发现它时，它的嘴里

还有青草，可能是吃草时不小心掉进了冰缝中，经过 1 万年自然"冰箱"的保存，终于和现代人类见面了。发现这头象不久，在前苏联开了有关会议，与会代表不但见到了它出土的照片，而且还亲口品尝了它身上的肉。

知识小链接

猛犸象与古人类

猛犸象曾是石器时代人类的重要狩猎对象，在欧洲的许多洞穴遗址的洞壁上，常常可以看到早期人类绘制的它的图像。这种动物一直活到几千年以前，在阿拉斯加和西伯利亚的冻土和冰层里，曾不止一次发现这种动物冷冻的尸体，包括带有皮肉的完整个体。猛犸象是一种生活在寒代的大型哺乳动物，与现在的象非常相似，所不同的是它的象牙既长又向上弯曲，头颅很高。

猛犸象生活到距今 1 万年的时候突然全部绝灭了，是什么原因造成的呢？专家们做过仔细的研究，找出了许多的原因，一种意见认为是由外因和内因共同造成的。

外因：气候变暖，猛犸象被迫向北方迁移，活动区域缩小了，草场植物减少了，使猛犸象得不到足够的食物，面临着饥饿的威胁。

内因：生长速度缓慢。以现代象为例，从怀孕到产仔需要 22 个月，猛犸象生活在严寒地带，推测其怀孕期会更长。在人类和猛兽的追杀下，幼象的成活率极低，且被捕杀的数量离现代越近就越多，一旦它们的生殖与死亡之间的平衡遭到破坏，其数量就会不可避免地迅速减少直至绝灭。这是大自然的淘汰规律，并非对猛犸象不公平。新生代的第三纪末期时也发生过类似的情况，当时大量的原始哺乳动物绝灭了，由现代动物的祖先取代了它们，猛犸象的祖先那时代替了它们，现在该轮到它们让出地盘了。猛犸象以自己整个种群的灭亡标志了第四纪冰川时代的结束。

但目前又有另一种说法，据一项新的研究发现，猛犸象是死于人手，而并非由于气候变化导致了这些动物的灭绝。

一直以来，对于猛犸象的灭绝原因存在两种猜测：气候灭绝说和人类屠杀导致灭绝说。为了解决这一争论，美国一个考古学小组对这两种学说进行了检验。他们推断，如果是人类捕杀导致了猛犸象的灭绝，那么在一个特定的区域内，猛犸象的灭绝时间应该与人类进入这一地区的时间相互吻合。如果猛犸象是由于气候变化灭绝的，那么在一个特定的地区内，猛犸象应该与人类同时存在，并且仅仅是在气候改变发生后才走向灭绝。

这项研究工作总共涉及了 5 个大陆的 41 个考古学遗址。研究人员发现，当人类迁徙出非洲后，在他们的栖息地留下了死亡的象和猛犸象的痕迹。一个地区一旦被人类占有，那么象和猛犸象的化石记录便在这一地区停止了。

研究者指出，使现代象幸存下来的避难所都是对人类缺乏吸引力的地方，例如热带雨林。

拓展阅读

哺乳动物的肌肉

哺乳类的肌肉系统与爬行类基本相似，但其结构与功能均进一步完善。其主要特征是，四肢及躯干的肌肉具有高度可塑性。为适应其不同运动方式出现了不同的肌肉模式，如适应于快速奔跑的有蹄类及食肉类四肢肌肉强大。

长有匕首牙的刃齿虎

刃齿虎，也称美洲剑齿虎，南北美洲最强大的食肉猫科。美洲剑齿虎出现于上新世晚期，是当年巨剑齿虎进入美洲之后演化出的新类型。它们长有非常夸张而尖锐的"匕首牙"，体形巨大。

在所有剑齿猫科动物中最著名的就是生活在北美洲的"命运剑齿虎"。这个可怕的名字很大程度上来源于其模样：呈马刀状的剑齿超过 12 厘米长，上

下颌可张开95度，令人胆寒。它们的身躯结实有力，稍有解剖学知识的人都会为那强劲的颈椎、肩胛和前肢骨所震撼，显然它们活着的时候是肌肉发达的力量型选手，比狮虎强壮得多。实际上，它们更接近熊的钝重体态，骨骼粗大，前腿比后腿长，尾巴很短。因此，虽然命运剑齿虎的个体大小和狮

刃齿虎复原图

子接近——平均体长2米、肩高1~1.2米，但近来的研究认为其体重可以达到普通雄狮的1.5倍甚至2倍，也就是270~360千克。不过，比起它们的南美兄弟"一般剑齿虎"，它们只能算中等个头。

美洲剑齿虎究竟是如何猎食的？这个问题一直是古生物学界的争论焦点，因为长达十几厘米的剑齿尽管够威风，但科学家早已证明它们十分脆弱，与短粗的"弯刀牙"相比明显更容易断裂。这样的剑齿自然不能随心所欲地使用，既不能硬咬脖子或头骨，又不能用牙在猎物身上乱划。

广角镜

狮 子

狮子是唯一的一种雌雄两态的猫科动物，是地球上力量强大的猫科动物之一，在狮子生存的环境里，其他猫科都处于劣势。漂亮的外形、威武的身姿、王者般的力量和梦幻般的速度完美结合，赢得了"万兽之王"的美誉。狮子属群居性动物，是同类竞争最激烈的猫科动物，狮群会尽量避免与其他狮群遭遇。

在美国洛杉矶，有一个著名的拉布雷亚沥青坑，更新世晚期曾有大量野生动物来此喝水时陷入泥沼并长眠于此，保存为化石。这里已发现的美洲剑齿虎骨骸多达2000余具，与同地点发现的食草动物数量相比有些不成比例，故而也有人认为它们可能是食腐动物，看上去很酷的剑齿只起恐吓作用。然而，在陷入沥青湖的食草动物中有大量体形巨

大的成年猛犸象和大型野牛，因此可以设想一两只垂死的大型动物吸引大量剑齿虎前来捡便宜的可能性。当前流行的理论认为剑齿虎的长牙主要用于攻击猎物脆弱的腹部或喉咙，而更多人倾向"割喉说"。根据这种观点，它们很可能采用一种独特的捕猎方式：先是和其他猫科动物一样缓慢潜行接近猎物（通常是各种野牛），然后，不是通过追击而消耗猎物体力，而是凭借蛮力与猎物展开肉搏，当彻底制服猎物之后再使用尖刀一样的精锐剑齿，一击切断其颈动脉或气管而致命。这样的确符合剑齿的特点：除末端的"刺"之外前后端边缘也都有锋利的刃，割喉轻而易举；脆而薄的结构和弯曲的形状也有利于更快地插入和拔出，减少剑齿在割喉时卡住或受损的概率（但却使它们在其他地方更加脆弱，以至于猎物的每一次挣扎都可能对其造成伤害）。这同样也可以解释它们的身体尤其是前半部为何这么强壮。然而，这样的猎食方法真的有效吗？如果猎物已经难以动弹，那么用不用"一击必杀"又有什么区别？并不比狮子老虎咬鼻孔令其窒息的方法更高明。当然，一切都只是猜测。

另外一个令人感兴趣的问题是美洲剑齿虎是否群居。很多人认为它们身体之强壮足以单枪匹马搞定一头成牛公野牛（但是狮虎却做不到这一点），不过照通常逻辑，猎食如此大的动物应该要依靠群体力量，然而美洲剑齿虎尚没有具说服力的群居生活证据。其中一个支持群体生活的理由是：拉布雷亚沥青坑中出土的剑齿虎化石有很多带有骨折等重伤后痊愈的痕迹，故而认为它们有可能受过群体成员的照顾。

在更新世时的北美大陆，食草动物种类远比现在丰富多彩，食肉动物也是强手如林。

拓展阅读

哺乳动物的消化系统

哺乳动物的消化系统包括消化管和消化腺。在结构和功能上表现出的主要特点是，消化管分化程度高，出现了口腔消化，消化能力得到显著提高。与之相关联的是消化腺十分发达。

狮 虎

除了似剑齿虎、美洲剑齿虎和异剑虎这"美洲三剑客"，这里还生活着很多各怀绝技的猛兽，如重达 700 千克且凶猛无比的巨型短面熊、比现代狮子大 1/4 的美洲拟狮、奔跑迅捷无伦的北美猎豹、成群结队的恐狼、种类众多的鬣狗类动物，以及生存至今的美洲狮、灰狼和猞猁。虽说北美地域辽阔、食物丰富，但由于如此多的猛兽群聚于此，生存竞争显得异常激烈，而剑齿虎自然也不是弱者。首先，对于任何猛兽来说，长而锋利的剑齿都是极具威慑力的武器，即便不实用也至少可以起到"神经刀"的作用；其次，三类剑齿虎的体形都非常结实，尤其是前肢粗壮有力，还长有尖锐的前爪，肉搏起来也是难以对付的，再加上可能的集群方式会带来较高的猎食效率和抵御外敌的能力，保证了它们不会处于劣势地位。在猎物选择上，美洲剑齿虎和似剑齿虎偏重于猛犸象、野牛这样的大型动物，与短面熊、美洲拟狮存在冲突，而异剑齿虎可能主要以西貒为食，与其他食肉动物的直接竞争不大。至于体形较小、奔跑迅速的各种马科、鹿科动物，自然是美洲猎豹和灰狼们追逐的对象了。从已发现的化石中可以知道，三类剑齿虎在美洲经历了 200 多万年的成功演化，尤其是美洲剑齿虎在分布范围和数量上都堪称各种食肉动物之冠，也成就了整个剑齿家族最后的辉煌。

马的祖先——始祖马

始祖马，现被公认为马的祖先，大约在始新世（5000 万年前）生存。体高约 30 厘米，脊背能弯曲，背部稍向上拱曲，尾巴较短。四肢细长，靠脚趾行走，前足有四趾，后足有三趾。以嫩树叶为食，虽然吃草，但不能像现代马那样大口咀嚼。因身体灵活，可在草丛和灌木中穿行。

始祖马化石发现于北美洲及欧洲。通透过化石，研究得出，由始祖马分化出了林林总总的众多支系。有的支系越来越大，越来越擅长奔跑；也有的支系向着

始祖马复原图

小型化发展。到中新世的时候，以三趾马为代表的马类动物演变成了一类十分繁盛的动物群，是地层古生物中常见的化石动物，常常作为地质年代断定的重要依据。现代马的最直接祖先是出现于1200万年前晚中新世的恐马，而现代马则在400万年前的上新世出现。北美洲一直是马和马类动物起源和演化的中心。马从这里起源并向四周辐射。马通过冰川时期形成的白令陆桥扩散到欧亚大陆，最后进入非洲。马也通过中美地峡向南美洲扩散，最晚到大约2万年前，马在北美洲彻底灭绝。

南美的马灭绝得更早，原因现在仍是谜。有人认为跟美洲印第安人过度捕猎有关。从此，在5600多万年的时间里，北美洲没有了马的存在，一直到公元16世纪西班牙人再一次把马带回了美洲。现代饲养的马是由欧洲野马驯化而来的，野生的马已

广角镜

马科动物

马科是奇蹄目中的一科，史前种类曾经非常繁盛及多样化，现仅存马属一个属。虽然如此，马科动物依然是现存奇蹄目动物中种类数量最多，分布最广，最为人们所熟悉的。史前马科曾广泛分布于美洲、欧亚大陆和非洲。现代马科分布于欧亚大陆和非洲，成员包括马、驴和斑马，大多数野生种都处于濒危状态。

经灭绝，现存的普氏野马不是家马的祖先。马的进化历程充满了艰难险阻。马科动物曾经十分繁盛，前后进化出几十个属，到最后却只有一个属六七种残存至今。马的兴衰历程实际上是奇蹄动物的兴衰历程，奇蹄动物在现代普遍呈衰落的趋势。

披毛犀

披毛犀，已绝灭的一种哺乳动物，归于奇蹄目犀科双角犀亚科。生活时代距今 12 000～4000 年。已知披毛犀的化石分布范围几乎遍布欧亚大陆北部，最北界限大约在北纬 72°，最南到北纬 33°。中国的披毛犀化石较集中地分布在东北平原，在华北、西南也偶有发现。

披毛犀

你知道吗

奇蹄目

奇蹄目是哺乳纲的一目，因趾数多为单数而得名。包括有奇数脚趾的动物。原始奇蹄动物的脚趾是前四后三，现生的奇蹄动物貘就是这样的脚趾结构。奇蹄目成员胃简单，不具备偶蹄目部分成员那样多的胃室，但盲肠大而呈囊状可协助消化植物纤维。

根据在西伯利亚发现的披毛犀冻尸、在波兰发现的浸泡在沥青沉积里的尸体，以及法国旧石器时代洞穴中的壁画，现代人得知披毛犀体表被有御寒的长毛和浓密的底绒毛。这类动物头骨长而且大，头部和颈部向下低垂，额上和鼻上各长有一支犀角。鼻角尤其长大，向前倾斜伸出。臼齿齿冠很高；釉质层厚，有许多

褶皱；齿凹内充填了致密的白垩，适合于咀嚼质地干燥的草本植物。一般认为是在更新世冰期气候条件下发展起来的，但是在气候温和的草原环境的沉积里也发现过披毛犀的化石。

▶ 何谓大角鹿

大角鹿，又名巨大角鹿、巨型鹿或爱尔兰麋鹿，是体形最大的鹿。古哺乳动物的一属，属鹿科。生活在 300 万～1.2 万年前，它生存于更新世晚期及全新世早期的欧亚大陆，由爱尔兰至贝加尔湖东，经常活动于泥炭沼泽地。最近年代的化石约为 7700 年前。我国于河北、山西、内蒙古等地发现化石，北京周口店北京猿人洞穴内亦很多。这种古鹿的角大得惊人，角面的宽度通常有 2.5 米，所以叫它大角鹿。

传统上大角鹿被称为爱尔兰麋鹿。虽然有大量的骨骼在爱尔兰发现，但它们却不只限于爱尔兰，加上它其实与麋鹿不是近亲，故现时很多学者都只称呼它为大角鹿。

大角鹿的鹿角为什么这么大呢？有几个有关其演化的理论。其中一个指其鹿角进行连续及强烈的性选择，因雄鹿需要打斗才能得到雌鹿，故不断地增大；继而由于过分的大以致大角鹿不能承托而灭绝。不过这个理论没有太多的验证。

有关大角鹿灭绝的成因讨论都主要集中在其鹿角，而非其体形。这可能是由于鹿角的外观多

广角镜

鹿科

哺乳纲，偶蹄目。体形大小不等，为有角的反刍类。其特征是生有实心的分叉的角。一般仅雄性有 1 对角，雌性无角。分布于欧亚大陆、日本等地区。中国是世界上产鹿种类最多的国家。属于鹿科的动物，全世界共有 17 属，38 种，其中有 10 属、18 种在中国曾经产或现在仍产。

于其实际的用途。有些学者指被人类猎杀是其中一个因素，因大角鹿的鹿角限制了它们在森林的活动范围。不过有反驳指大角鹿作为大陆上的物种，应该与人类一同演化，并且适应了人类的存在。

拓展阅读

哺乳动物的循环系统

哺乳动物的循环系统包括血液、心脏、血管及淋巴系统。其显著特征是在维持快速循环方面十分突出，以保证有足够的氧气和养料来维持体温的恒定。红细胞无核。

较近期的研究发现大角鹿的鹿角主要是由钙及磷酸根组成，要维持如此巨大的角，需要大量的这类物质来维系。估计雄鹿会先从其骨骼上提供这些物质，再从食物上补足或是从遗弃的鹿角中获得。故此，雄鹿的生长期会出现骨质疏松症。

当气候在最后的冰河时期末改变时，栖息地的植物亦估计改变，为其提供足够的养料。在西伯利亚西部发现最近的大角鹿标本（估年约属于 7700 年前，已在冰河时期以后），显示没有任何养分压力的征象。这说明大角鹿栖息的大陆性气候地方没有出现或未曾出现所谓的植物改变。

总的来说，大角鹿在个别地方上消失的成因有多个理论，但最终大角鹿在欧亚大陆上的消失则没有定论。有指这是人类存在及栖息地减少联合造成的。

地球的"管家"

　　研究人类起源的直接证据来自化石。人类学家运用比较解剖学的方法，研究各种古猿化石和人类化石，测定它们的相对年代和绝对年代，从而确定人类化石的距今年代，将人类的演化历史大致划分为几个阶段。遗传学家则运用生物化学和分子生物学的方法，研究现代人类、各种猿类及其他高等灵长类动物之间的蛋白质、脱氧核糖核酸的差别大小和变异速度，从而计算出其各自的起源和分化年代。目前，学术界一般认为，古猿转变为人类始祖的时间在700万年前。

人类起源说大致经历了哪两个阶段

◎ 神创论阶段

该时期是人类文化历史发展的最初时期。当时流行着许多人类起源的传说，如古希腊时曾有人认为人是由鱼变来的；我国战国时期的庄子也有相似的论点，他说："青宁（竹根虫）生程（豹），程生马，马生人。"虽然，在当时有这些朴素的自然发生论，但占统治思想的却是神创论的观点。《圣经》里也有"上帝创造人"的故事。

拓展阅读

达尔文

查尔斯·罗伯特·达尔文，英国生物学家，进化论的奠基人。曾乘贝格尔号舰做了历时 5 年的环球航行，对动植物和地质结构等进行了大量的观察和采集。出版《物种起源》这一划时代的著作，提出了生物进化论学说，从而摧毁了各种唯心的神造论和物种不变论。除了生物学外，他的理论对人类学、心理学及哲学的发展都有不容忽视的影响。恩格斯将"进化论"列为 19 世纪自然科学的三大发现之一。

◎ 进化论阶段

这个时期由于科学的不断发展，终于使人们认识到人与动物，尤其是与类人猿有着亲缘关系。譬如，19 世纪的第一个进化论者拉马克就曾大胆地指出，人类（两手类）是由四手类的动物进化来的。在此之后，达尔文在《物种起源》一书中也提出了人类起源的问题。他认为动植物的起源与人类的进化是相关的，不能脱离生物界的发展来研究人类的起源。达尔文于 1871 年发表了《人类起源与性择》一书，专门讨论了人类的起源、进化与发展，以及人和动物界的关系等一系列问题。此外，达尔文学说的捍卫者英国生物学家赫胥黎曾于 1863 年发表了《人类在自然界的位置》一书，从比较解剖学、胚胎学、古生物学等方面详细阐述了动物和人类的关系，首次提出了人、猿同祖论。拉马克、达尔文以及赫胥黎的论点在科学的发展史上具有重大的意义。他们是第一次科学地探讨了人类的起源问题，为以后解决人类起源问题奠定了基础。

不过，由于当时科学水平的限制以及他们世界观的局限性，没有也不可能正确地理解人类和动物之间本质上的差别。因此，达尔文在某些方面曾不正确地利用生物学的规律来解释人类的发展。他过高地估计了自然选择与性择在人类发展过程中的作用，因而没有揭示出人类起源的根本原因，没有看到人类发展的最本质的规律——人的社会性和劳动的能力。

👁 人类起源于动物说

从解剖学角度来看，人非常像一般的哺乳动物。人体上所具有的典型器官，如骨骼、心脏、脑等，一般哺乳动物也有。另外，人体上存有许多退化和不发达的器官，如盲肠、耳肌、退化的毛发等，这些部分在一般动物的身体上还是正常地发展着，而且对动物的生活有着重要的意义。这些退化部分的存在，说明了人类祖先在发展过程中这些部分曾经是有用的，以后由于生活条件的改变，才在新的条件下变得无用或用处不大，因而丧失了原来的机能而退化了。

广角镜

胚胎学

胚胎学是研究动物个体发育过程中形态结构的变化，叙述怎样从一个受精卵发育成胚胎，从而了解各种动物发育的特点和规律的生物学分支学科。也可广义地理解为研究精子、卵子的发生、成熟和受精，以及受精卵发育到成体的过程的学科。

人类返祖现象

有时，在人体上偶尔还出现返祖现象。如个别人身上长尾巴，有多乳的妇女，还有一些人面部甚至全身长着蓬松的长毛等。这些现象的出现，说明人类的祖先是有尾巴的、多乳头的、长毛的动物，直接证明了人类是从动物界分化出来的。

另外，在胚胎学上，从人的胚胎发育过程来看，人的胎儿发育到第三四周的时候，样子有点儿像鱼，手和脚像鱼的鳍，头部两侧像鱼的鳃裂。人的胎儿也有尾巴，第五六周最长，后来逐渐消失，只留尾骨。胎儿在第五个月末，已经有了人形。可是，那时胎儿的全身除了手掌和脚掌外，都长着很密的细毛，直到分娩前不久，细毛才脱落下去。这只能用人与动物有亲缘关系来解释。

人不仅与一般动物有亲缘关系，尤其是与类人猿有更近的亲缘关系。现在生存的类人猿有 4 种：长臂猿、大猩猩、猩猩和黑猩猩。它们，特别是黑猩猩与人类有许多相似的地方。例如，无尾、没有臀疣，牙齿也和人一样，一般都是 32 个，胸部有一对乳头，雌性也有按期的月经，怀孕期是八九个月。另外，血液成分也相近，也有不同的血型；类人猿的面部表情同样能表现出喜、怒、哀、乐、恐惧等神态；猿的中枢神经系统比较发达，行为也比较复杂；猿胚的发育与人胚的发育相似的时间最长。这些相似性说明了人与类人猿有着共同的祖先。

另外，人与类人猿也有着本质的差别。虽然类人猿的一些动作几乎接近于人，但它们没有意识，不能和人一样进行抽象的思维，特别是不会制造工具，进行劳动。由此，猿的行为仅仅是借条件反射来完成的，许多是本能的行为。此外，在形态结构上，人与猿也有很大差异。如猿类不能完全独立地直立行走；猿的前肢比后肢长，趾与指没有明显的分化；猿的脑轻，人的脑重，头骨的结构不同等。这些差别说明了人与猿在进化过程中经历了不同的发展过程。

早期人类难道生活在水中

众所周知，生命起源于海洋。那么早期的人类与海洋又有着什么关系呢？人类也是从水中演化出来的吗？如果是的话，那么究竟是怎么一个过程呢？现代科学的发展为我们的疑问提供了答案。

有的观点认为，在远古时代，非洲东北和北部由于海水上涨淹没了大片土地，居住在那里的古猿为了生存，逐步适应了海中生活，变为海生动物——海猿。约400万年后，海水下降，淹没的土地重新显露出来，海猿回到陆上生活，逐渐演化为人类，即"人类祖先海猿说"。

关于人类起源于海洋还有一种说法"人——海豚同祖说"。其论据有四：第一，人类本性亲水、猿猴厌恶水，这是最明显的分水岭。人的婴儿一出生就有游泳的本能，而且人的脊柱可以弯曲，适宜水中运动，而猿猴的脊柱是不能后伸的。第二，人的躯体和海洋哺乳动物一样光滑，头部却长满浓密的头发。第三，人类能以含有盐分的泪液表达感情。有趣的是，海豚也会流泪。第四，人类喜欢吃鱼、虾与海藻，猿猴却不喜欢。

"人——海猿同祖说"也有丰富的论据：第一，人的身体表面裸露无毛，却有皮下脂肪，这与灵长类动物大大不同，光洁无毛的身体与丰富的皮下脂肪更适宜在

海豚

较冷的海水中生活并保持体温。第二，人体无法调节对盐的需求，而且要"出汗"来调节体温，这是"浪费"盐分的，而灵长类动物却不需要靠出汗调节体温，反而具有对盐摄入量的控制与渴求的机制，这说明人类是从盐分丰富的海洋中来。第三，人类以外的灵长类动物都不是游泳能手。由此看来，这种理论与"人——海豚同祖说"的理由很相近。

对于不会游泳的人来说，遇到江河湖海就会有几分恐惧，而且每年因溺水而亡的人也为数不少。人生活离不开水，但太多水又会导致人死亡。其实地球上的动物大都是会水的，现在陆地上的动物大都是从水中走上陆地的。在地球的演化史上，地球曾经就是一个水球，地球上最早的生命形式就是从水中诞生的。

假若有人称你为河马，你会对此表示不满，或认为是一种污辱。其实这种叫法并非错误，因为人类与其他水生哺乳动物有很多相似之处。

这些相似之处也许就是一大科学之谜的关键所在，它关系到我们人类起源的问题。一些科学家认为，人类与河马和鲸类很相像，因为人类的祖先很久很久以前也曾经和上述动物那样，拥有同样的水中家园。早期的人类就曾生活在水中。

根据大陆理论，大约 800 万年前，有那么一种类猿的树栖动物被称为现代人和猿最近的共同祖先，它们居住于非洲的茂密森林之中。后来这种动物的后代分成了两支，分道扬镳，一支是进化成了人的灵长类，灵长类进化成人时学会了用双脚走路，大部分体毛脱掉，体态丰满，大脑更发达并且又有了语言；而另一支继续留在森林中成了现代猿。

那么，究竟是什么原因使得人和猿分别走上了两条不同

趣味点击　海洋哺乳动物

海洋哺乳动物是哺乳类中适于海栖环境的特殊类群，通常被人们称作为海兽。是海洋中胎生哺乳、肺呼吸、恒体温、流线形且前肢特化为鳍状的脊椎动物。我国现有各种海兽 39 种。都是从陆上返回海洋的，属游泳生物。

的进化之路呢？大多数科学家曾经相信，这种原因就是它们居住地的变化。也就是说，猿继续留在树上生活，而早期人类则离开了树木，来到了非洲的冈瓦纳大陆热带草原，在那里人类进化出新的身体特点，并且生存了下来。其中一个特点就是双足行走，因为这可使早期人类一直站立并观察猎物及危险情况。另外，站立还解放了双手，以便于捕杀猎物，获取食物，而且身体受阳光中有害射线照射的部位也减少了。为了避热，早期人类也脱掉了身体毛发，进化出了汗腺。

冈瓦纳大陆的理论已成为普及定理，但有什么理论可以解释人与猿之间分道扬镳的原因呢？有少量科学家相信，那些树猿从树上下来，来到了平坦的栖息地，不是土壤和青草覆盖的平地，而是水中。在水中，早期人类生活了几百万年，在走上陆地前，进化出自身独特的特性，这种观点叫作"水猿理论"。这种理论是因写《水猿的假说》一书而获奖的女学者埃莱娜·摩根提出的。

摩根指出，大多数早期人类化石在被水覆盖的地方或史前时代的水边发现。其中，在最著名的人类化石——被称为夏娃的露茜的发掘地点旁还发现许多鳄鱼蛋和蟹类贝类的化石。

摩根还指出，人类与水生哺乳动物如海豚、河马、海象之间有许多生物学上的相似性，一种相似性是皮下脂肪。这种物质可像保温毯一样，避免身体的热量在水下很快散失掉，因为水比空气还要吸热快。

大多数陆生哺乳动物，包括人类最近的亲戚——猿都没有这种皮下脂肪层，相反，它们却拥有一层厚厚的毛发。人类和水生哺乳动物只有很少或者说根本没有毛发。

摩根认为，人类目前也留有许多

猩　猩

水中生活的特点：

拓展阅读

长鼻猴

长鼻猴是东南亚加里曼丹的特有动物。它们的鼻子大得出奇，其中雄性猴子随着年龄的增长鼻子越来越大，最后形成像茄子一样的红色大鼻子。它们激动的时候，大鼻子就会向上挺立或上下摇晃，样子十分可笑。而雌性的鼻子却比较正常。长鼻猴喜群居，常 10～30 只集为一群，活动范围不到 2 平方千米。善游泳，常在河中找东西吃。

1. 鼻孔朝下而不朝上，这样在潜水时水不会进入鼻腔。

2. 人体需要碘和脂肪酸，这是大脑发育的重要养分。这些养分在陆地上的食物中是十分罕见的，但是鱼和贝类体内却有很多。

3. 人类的皮肤由许多皮脂腺所覆盖，它可以分泌一种油脂液体，叫作皮脂，以使头发和皮肤油滑，猿则几乎没有这种皮脂腺。

摩根相信，当早期人类学着在泅水过河把头抬过水面时，双脚行走的特点就开始进化出来了。矮黑猩猩和天狗猴（又称长鼻猴）之间也有相似的进化特点，矮黑猩猩和天狗猴可部分时间用双足行走，它们都居住于很易遭洪水冲击的森林地区，人们也都观察过它们曾头朝上涉水过河。

大多数研究人类起源的科学家对水猿理论持怀疑态度甚至不屑一顾，但托比亚斯等古人类学家却不这样认为，他说：我相信，古人类学家有责任重新检验水猿理论。

原始人类发展历经哪三个阶段

科学研究表明，原始人类发展大致上可分三个阶段。

◎ 能人时期

能人，是指有能力的人。能人时期是原始人类发展的第一阶段，也是人脱离古猿祖先最初的阶段，相当于地质历史的第四纪初期，距今约 190 万年。这时的人已初步学会制造和使用工具，具有了人的性质。

现在发现的能人化石主要在非洲坦桑尼亚奥尔杜威峡谷。在我国的云南省元谋县、河北省阳原县的泥河湾等地也发现了更新世早期的人类化石或石器。

从已发现的能人化石来判断，能人吻部突出，没有下额，头盖低平，额向后倾，外貌很像猿，但脑量可达 650 立方厘米，比现代猿高。他们的眉骨嵴不甚发达，牙齿的构造和排列方式等和人接近；髋骨和肢骨也与人相似，表明已能直立行走，但

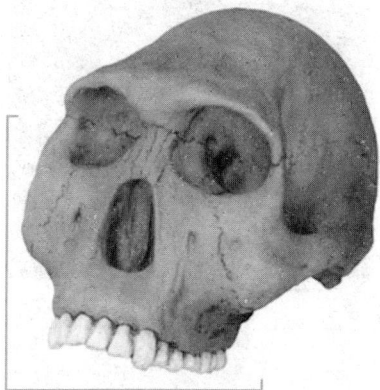

能人时期的头盖骨

不如现代人那样完善，身体还有些前倾，在迈步行走时，步态稍微笨拙。在发现能人的地层中，同时发现有石器和使用过的兽骨，说明他们已能制造简单的工具。从当时沉积的性质和伴生动物群来看，他们生活在一种空旷的原野里，以狩猎为生。

◎ 直立人时期

直立人，指的是具有比能人更接近现代人的特征。例如，他们的身材增高，脑量增大，面部和牙齿相对较小，行为活动更为复杂，已能完全用两足直立行走。但这种人眉嵴粗壮，嘴部突出，仍带有一些原始性质，所以也叫猿人。直立人大体生活在距今 50 万年前后的更新世中期。

目前发现的直立人化石有：我国的北京人、蓝田人以及印度尼西亚的爪哇人；欧洲的海德堡人；阿尔及利亚的毛里坦人及非洲的舍利人等。下面我

们以北京人为例，说明这一时期的特点。

北京人也叫北京猿人。第一个完整的头盖骨化石是 1929 年在北京西南 54 千米周口店的山洞内发现的。从发现的全部材料来看，约属于 40 个个体。

北京猿人头骨的主要特点是：头骨的最宽处在左右耳孔稍上处，向上则逐渐变小，而现代人的头骨最宽处则在较高的位置。北京猿人头骨的高度比现代人小，额向后倾斜；平均脑量为 1075 立方厘米，而现代人平均为 1350 立方厘米；左右两眉嵴比较粗壮而向前突出，且左右相连，在眼眶上方呈屋檐状；颅顶正中有明显的矢状

北京猿人

脊，后部有很发达的枕骨圆枕。另外，北京猿人的头骨厚度比现代人几乎厚一倍。

北京猿人的牙齿，无论齿冠或齿根，都比现代人粗大，表现了原始的特征。从北京猿人头骨和牙齿的特征来看，介于现代人与现代猿之间。

另外，北京猿人的肢骨，虽然发现的材料不多，不过由肢骨的情况证明（由股骨脊的存在和肱骨短于股骨的事实）北京猿人已能直立行走。根据股骨的计算，北京猿人男性身长 162 厘米、女性为 152 厘米左右，相当于现代华北人的中等身材。

从已发现的遗迹来看，北京猿人已经学会使用和制造简单的石器，其中大部分是未经修制加工的。由石器的形状来看，可以分为石斧、锤形器、尖状器、刮削器等。这些石器可用来狩猎、杀戮、切割食品之用。另外，北京猿人也开始使用骨器。在北京猿人住的洞穴中，发现有火的痕迹，说明北京猿人已能用火。至于火的来源迄今还不清楚。不过猿人能够用火有很大的意义，因为火可以使人们吃到熟食，缩短消化过程，并且可以防寒，在洞口燃

烧火堆还可以防避野兽。

另外，由猿人洞穴中所发现的灰烬堆积、兽骨残物以及成千的石器工具说明猿人的生产活动以采集植物为主，狩猎为辅；社会组织还很原始，叫原始群；社会成员间关系仍较松散，没有发现对死者进行埋葬的迹象。

◎ 智人时期

智人是人类发展的第三阶段，比猿人更接近于现代人。智人可分为早期智人和晚期智人。

早期智人也叫古人，出现在第四纪的中期，距今 20 万 ~ 30 万年。人类演变到这个时期已经失去了大部分像"猿"的特征（如眉骨隆起、嘴部前伸等），而发展到现代人的样子。这种人类广泛分布于旧大陆的大部分地区。首次发现是欧洲的尼安德特人，以后，相似的类型也相继在世界各地发现。在我国发现的有广东的马坝人、湖北的长阳人、山西的丁村人等。下面以尼安德特人为例说明早期智人的特点。

尼安德特人是 1856 年在德国尼安德特山谷中发现的。当时出土一具骨骼，连同头骨共 14 块。

从现有的化石断定，尼安德特人比现代人矮，身体粗笨。他们已失去了猿类的大部分特征，而具有了人的特征。例如，尼安德特人的脑量不比现代人小，脸的下部不像能人、猿人倾斜突出。不过，他们的头盖骨还比较原始，额部仍较低平，眉嵴不太低，下颚的颏部尚未凸起等。

从所发现的石器来看，已具有初步加工的磨制工具。工具的

你知道吗

早期智人马坝人

中国东南地区旧石器时代中期的人类化石，属早期智人。马坝人是 1958 年在广东韶关市曲江区马坝镇西南 3 千米的狮子山石灰岩溶洞内发现的，伴生的脊椎动物化石有鬣狗、大熊猫、貘、剑齿象等 19 种。被发现的马坝人头骨可能是一位中年男性，呈卵圆形，无顶骨孔，眼眶上缘为圆弧形，与尼安德特人相似，鼻骨相当宽阔。

种类不仅有石器，而且有骨器，可供砍、切、削、刮、凿、穿、割等工作之用。工具的精致程度比以前更前进了一步。

由化石的情况推知，尼安德特人阶段仍过着群居狩猎生活，身穿兽皮，并知道了用火。这时可能已产生了埋葬死者的习惯，迷信思想可能开始萌芽。这一时期可能由原始群居过渡到氏族制度阶段，氏族制度正在萌芽。

晚期智人也叫新人。这种人生活在第四纪末，距今 10 万年左右。人类演变到这个时期体质形态完全与人相似了。但是这种人目前已经绝灭了。他们只以化石的形式在地层中保留下来。

克鲁马努人是 1868 年在德国西南部克鲁马努地方发现的。这种人在各地出土的头骨和体骨很多，有百余件。从发现的化石来看，克鲁马努人的体质结构基本上和现代人相似。此时的人肩宽胸厚四肢灵活，头部额高而弯，头顶宽大，没有脸部斜出的现象。根据上下腿骨长短的情况可知，克鲁马努人行走迅速，动作灵活，完全不像拙笨的尼安德特人。克鲁马努人的劳动工具有石器和骨器，其精致程度也比以前更进步。在雕刻绘画方面也有所发展。他们虽然过着狩猎的生活，但合群能力更强。通常住在洞穴中，有时也住在平原上。

山顶洞人是 1933 年在周口店龙骨山上的山顶洞内发现的。计有 7 个个体的骨骼，其中有 3 个完整的头骨。这些化石也和北京猿人化石一样，都被当时美国的侵略者掠夺去了。据地层的研究，估计山顶洞人距今约 5 万年，比克鲁马努人稍晚。

拓展阅读

母系社会制

母系社会又称母系氏族制。在母系氏族制前期，人类体质上的原始性基本消失，被称作"新人"。到母系氏族制后期，现代人形成，属于新石器时代的早期。中国境内的新人化石和文化遗存遍及各地，其主要代表有河套人、柳江人、峙峪人和山顶洞人等。母系社会对人类社会有着重要的影响，而随着社会的发展，母系社会的特征也渐渐消失。

在山顶洞人居住的场所，我们发现许多石器，其中最珍贵的是一枚骨针，针长22厘米，由刮削和磨制而成。骨针的发现说明他们已经具有缝纫的能力。另外，在洞穴内发现许多装饰品，如石珠、钻孔的石坠、穿孔的牙齿等，表明了物质生活的发展，推动了精神生活的发展，山顶洞人已有了一定的文化。他们已学会磨制石珠和在石坠上钻孔，以及染色的技术等。这时山顶洞人埋葬死者的办法比以前更加复杂，反映出人类社会进入了母系氏族公社时期。

新人分布在世界各处。由于他们所处的环境条件不同，如地带、气候、湿度、阳光等方面的差异，于是形成了现在世界上各色各样的种族。

▶ 揭秘世界人种的形成及迁移

法国学者居维叶根据人种的肤色及发型等主要特征，把世界人种划分为高加索人种、蒙古人种和尼格罗人种三大类，这就是我们通常所说的黑种人、白种人和黄种人。现代遗传学研究表明，人类DNA序列的99.9%相同，不同人种间的遗传物质只有极小的差异，这意味着现代的各个种族可能源自作为人类已获充分发展的同一祖先。多数人类学家认为，人类在10万~15万年前诞生于非洲，然后随着生存能力的增强，一部分走出非洲，分布到世界各地。由于过去人类受自然环境的严重束缚，长期定居在相对隔离的各个不同的地域环境中，在体质上形成了互不相同的适应特定环境的特征。前苏联学者阿列克谢娃根据地球各纬度的气候不同，将人体适应地理类型分为热带适应型、温带适应型、寒带适应型和北极适应型等类型，在此我们把三大人种与之配对，作世界人种的形成及其迁移的阐述。

◎ 黑种人

黑种人也称尼格罗人种。他们的祖先就是那些没有迁出非洲而仍在发源地及其附近生活的人，他们主要生活在非洲赤道附近的热带地区，所以也称

赤道人种。该地区太阳直射的时间比较长，气温高，太阳紫外线照射强烈。这种居住环境影响着尼格罗人种的体质特征，皮肤黑色素含量高，能帮助阻挡热带地区强烈的太阳光紫外线，保护皮肤内部结构，因其皮肤黝黑而称黑种人。黑种人浓密的卷发导热性差，有隔热作用，防止被强烈的日光晒昏；头型偏小且前后长；体表汗腺密度特别大，汗腺粗，体毛少，有利于排汗散热；鼻子、嘴唇宽厚，黏膜面积大，也有利于散热。他们的营养类型属植物性、低热、蛋白和多糖类型，且四肢长擅长跑，这些都是对高温环境的适应。

黑种人一直生活在非洲撒哈拉沙漠以南地区，随着地理大发现和新航线的开辟，黑色人种的平静生活被打破了，在欧洲白人的暴力中，许多黑人被迫迁往美洲。15世纪中叶，随着美洲被发现，欧洲白人开始前往掠夺资源和财宝。由于不断地开发金银矿、创建种植园以及由于对美洲印第安人实行灭绝人性的大屠杀，加上白人尚不适应当地的湿热气候等原因，在开发美洲中非常缺乏劳动力，欧洲白人就把目光瞄向了强壮的非洲黑人，觉得在湿热的气候条件下种植甘蔗、烟草等经济作物，非洲黑人是最适合不过的"人选"了。从此，一场在暴力胁迫下的、以奴隶贸易形式出现的人种大迁移开始了。

最早掠卖黑奴的是葡萄牙和西班牙殖民者，16世纪下半叶，荷兰、丹麦、法国、英国等国殖民者相继加入这项血腥的贸易中。欧洲奴隶贩子乘船从欧洲来

广角镜

黑奴的非人遭遇

被掠的奴隶，在贩运到美洲以前，大致要经历三个阶段：从内地贩运到沿海集中地；在集中地接受奴贩挑选；转运到贩奴船上。奴隶从内地送往沿海的集中地，一般都有一段长距离路程，奴隶贩子为了防止奴隶逃跑，给奴隶带上沉重的脚镣，有时还用铁链把奴隶双双拴在一起，也有的奴隶贩子让奴隶扛上几十千克重的商品，如象牙、兽皮、高粱、蜂蜜之类，找不到合适的产品时甚至让他们背上一块大石头或一袋沙土。奴隶们挤在闷热的船舱里，卫生条件极差，各种传染病广为传播，一旦发现有病，立刻被扔下大海，因而死亡者很多。

到非洲西海岸，即从冈比亚河到尼日尔河口三角洲一带，逐渐形成了从塞内加尔到安哥拉长达 6000 千米的奴隶贸易的黄金海岸。早期的奴隶贩子扛着枪，扑向黑人的家园，见人就抓。后来是先收买一些黑人部落的首领，叫他们带人去攻打其他部落，大抓俘虏，然后卖给奴隶贩子，往往几块布、几个玻璃球之类的廉价商品就能换好几个黑奴。随后，欧洲奴隶贩子把购得的黑人奴隶装船运往北美东南大西洋沿岸（查尔斯顿、萨凡纳等）及西印度群岛和南美洲北岸（加拉加斯等）、东北岸（卡莫辛等）等地出售。最后，黑人被作为商品转卖到西印度群岛和南、北美洲大陆的种植园里，过着牛马不如的生活。19 世纪前半叶，美国殖民者也大肆从非洲劫掠黑人，高价卖给美洲的矿主和种植园主做奴隶，大批黑人进入美洲。

◎白种人

据人类学家研究，大约在 5 万年前，生活在非洲的一部分人类祖先逐渐从非洲东部进入中东，然后向北，长期生活在亚、欧、非相连接区域以及后来到更广阔的欧洲地区，这些人被称为高加索人种。高加索人种的体质特征与居住环境：长期居住温带高纬度地区，常年太阳不能直射，光照强度较弱，气温较低，严寒期长。在常阴、多云的地区，浅白的肤色可以从阳光中吸收足够的紫外线，以减少疾病的发生，并可使皮肤少受冻伤。该人种因其皮肤偏白而称白种人。白种人体重腰粗、头型大而圆、脸较平；头发直硬或波浪状，嘴唇薄，体毛浓，均有利于保温；鼻子狭窄带钩，鼻内孔道较长，可预热吸进的冷空气，然后进入肺部。他们的营养类型属动物性、高热、高蛋白和少糖类型，且骨骼肌肉发达、体温调节能力强、肺呼吸能力也强，表现出适应寒带气候的身体特征和生理特征。

高加索人种在历史上经历的几次民族大迁徙，成了其形成和发展的重要时期。比如公元 4~5 世纪的民族大迁徙，即以日耳曼人为主的蛮族，在罗马帝国境内迁徙、转战和建立欧洲民族国家的历史过程。5 世纪中期，阿提拉率匈奴人横扫欧洲，给罗马帝国以沉重的打击。西罗马帝国灭亡后，法兰克人、

盎格鲁－撒克逊人等蛮族纷纷入据西罗马旧地并建立王国。这些日耳曼人就是今天欧洲人的祖先之一。之后，十字军、阿拉伯人、蒙古人、突厥人一波接着一波地冲击着欧洲大陆，也改变和重组着欧洲的种族分布。今天，高加索人种主要分布在欧洲、北非、南亚等地，其中以欧洲居多，故也称欧罗巴人种。

高加索人种迁移的重要时期是地理大发现时期。欧洲人在这个时代通过新航路的开辟，开始向世界其他地方大规模地扩张和移民，大量移居南、北美洲和澳大利亚、新西兰、亚洲西部等地。16世纪西班牙人与葡萄牙人在中、南美洲进行殖民，土著印第安人的灭绝使这些国家白种人成为主要人种，比如现在阿根廷白种人占97%，多属西班牙后裔。百年后法国、英国等开始向北美洲移民，由于北美洲的美国与加拿大东海岸接近西欧，所以移民的速度逐渐加快，并成为欧洲移民的主要集中地。现在，加拿大的英裔法裔居民占68.7%左右。而美国，从1607年英国的清教徒开始在弗吉尼亚的詹姆斯登陆建立殖民地，到18世纪30年代，已经在北美大西洋沿岸建立了13个殖民地，移民达300多万。1785年，日益崛起的大英帝国的殖民地又加上了面积达800平方千米的一块——澳大利亚，随后希腊人、意大利人等也追踪而至。所以今天大多数澳大利亚人的祖籍是英国。

◎温带适应型人种——黄种人

迁徙出非洲一部分人类的祖先，从非洲的东部进入中东后，除一部分向北外，还有一部分向东迁移，长期生活在中亚和东亚的干旱草原和半荒漠地区，所以称蒙古人种或亚美人种。蒙古人种的体质特征与居住环境：亚洲地区气候温和，介乎非洲和欧洲之间，其体质特征属于尼格罗人种和高加索人种之间的过渡类型，表现出的肤色也处于黑色和白色之间的浅黄色，故称黄色人种。黄种人发黑且直、体毛较少，呈短头型、脸型扁平、颧骨较高，眼皮有波浪状蒙古褶。这些都是对温带气候的适应。

现在黄种人主要分布在东亚、东南亚、西伯利亚和中亚。他们是干旱草原和半荒漠地区的黄种人向南及周边地区迁徙而形成的分布。向南迁徙的黄种人逐渐向东亚、东南亚扩散。

黄河中下游平原是中华民族的发源地，中国人口最初生活和繁衍于这一片地区。从秦汉时期开始，由于自然环境（黄河流域的环境恶化和资源枯竭等）和社会的原因（游牧民族南侵、北方战乱等），我国人口频繁地迁移。根据地理学家估计，由"安史之乱"引发的人口大迁徙，从根本上改变了中国人口地理分布格局，使南方人口第一次超过了北方人口，中国人口地区分布的中心首次由黄河流域移到了长江流域。

东南亚、东亚大多数现代居民最初来自今日中国的地域。可能比新石器时代更早的数千年前。

向北的黄种人进入西伯利亚、美洲、北极地区等。美洲印第安人几乎都是从西伯利亚东北部渡过白令海峡而来的移民后裔。这大约是发生在一万年前的事。实际上当时地球温度比现在要低，海面也比现在低得多。最早的移民穿过只有 50 多千米的连接亚洲东北部和北美洲西北部的陆桥沿着阿拉斯加南岸来到北美洲。这些移民又继续向南前进、扩散，继续寻找新的猎场和家园。这样南北美洲就很快被这些移民占据。1492 年，当意大利航海家哥伦布踏上美洲大陆，看到头发又直又黑的土著人，他的第一反应是他到了亚洲，并至死坚信他们就是印度人，故而称之为印第安人。目前所知人类最早进入北极地区的时代可上溯至旧石器时代。当时

拓展阅读

徐福东渡传说

徐福是鬼谷子先生的关门弟子。学辟谷、气功、修仙，兼通武术。他出山的时候，是秦始皇登基前后，李斯的时代。后来被秦始皇派遣，带童男童女出海采仙药，一去不返。乡亲们为纪念这位好心的名医，把他出生的村庄改为"徐福村"，并在村北建了一座"徐福庙"。后来，有徐福在日本的平原、广泽为王之说。

的穴居原始人出于寻找猎物的本能而到达过泰加林与苔原带交界的地方。大约1.8万年前，地球上最末一次冰期抹去了早期人类活动的绝大部分记录。而冰期极盛期以后，随着天气回暖而重新北上的古人类，如欧亚大陆上的西伯利亚人和拉普人，美洲大陆上的古爱斯基摩人，以及后来的新爱斯基摩人，虽然几经动荡，却始终没有离开北极地区，因而成为北极地区当之无愧的主人。

人类的祖先难道是来自非洲

根据科学家了解，人类是由猿进化而来的。而亚洲、非洲和欧洲哪里才是人类文明的最初发祥地呢？在20世纪，人类先后发现了许多远祖化石，其中，绝大部分都是出自非洲，难道非洲是人类祖先最初的住所吗？

1974年，美国自然历史博物馆研究人员来到号称"非洲屋脊"的埃塞俄比亚。他们在那里的哈达地区发掘到一具不太完整的古人类化石。根据骨骼的形态分析，化石的主人是一个年仅20岁的女性。约翰森给她起了个名字——"露

"非洲屋脊"埃塞俄比亚

西"，并详细分析了她的身体结构特点。约翰森认为，"露西"生活在距今300万年以前，她已经能够独立行走。以后，在发现"露西"化石的地区，人们又相继发现了65具古人类化石，约翰森将它们同称为"阿法尔南猿"化石。约翰森认为，唯有阿法尔南猿才是人类的直接祖先。在漫长的年代中，阿法尔南猿进化成粗壮南猿和鲍氏南猿，最后再进化成为人类。

随后，人类发现了更多的化石，2002年，一位科学家顶着60℃的高温来

到了非洲草原地区，发现了一个在 160 万~400 万年 16 岁男孩的头盖骨化石。这震惊了世界，不得不承认非洲才是人类祖先最初发祥的地方。科学家根据众多的头盖骨化石推测，在距今 600 万~800 万年前非洲开始出现猿人，而这种猿人是由非洲 3 种猿中的一种进化而来的，这种猿因为基因突变走上了人类的道路。最初，这种猿只不过能站立行走，这个特点让它们生存更容易些，经过几百万年，这种猿演化成了猿人。这时，正好是地球 90 万年的冰河时期，原本温暖的非洲在冰河时期变得更冷，在草木枯竭的情况下，一大部分非洲人开始进行迁徙，历经几百年，非洲人沿着亚洲和欧洲迁徙到了温暖的地方，形成了人类文明。现在非洲大草原也是因为冰河时期才形成的。

现代的基因技术更是证明了人类的祖先来自非洲。19 世纪 80~90 年代，基因学家们就对来自非洲、亚洲、大洋洲和新几内亚等地不同种族的人的 DNA 类型进行了研究并记录下了这些不同种族的人的 DNA 变异情况。科学家们并以此为依据绘制出了智人进化树图谱。根据该进化树图谱可以看出，各个种族的人群都是从非洲分支上延伸出来的，这说明人类的祖先全部起源于非洲。

科学家说，当我们的祖先分阶段迁移出非洲时，每批迁出的人口都很少，这就造成了一系列的"瓶颈"，减少了世界其他地方人类头骨的多样性。而在被称为"人类摇篮"的东南部非洲，头骨形状和大小的多样性却是最丰富的。古人类之所以能离开非洲大陆迁移到其他地区，是因为他们有较大的大脑和较高的智商，能够使用

趣味点击　基因技术

基因由人体细胞核内的 DNA 组成，变幻莫测的基因排序决定了人类的遗传变异特性。有科学家把基因组图谱看成是指路图，或化学中的元素周期表，也有科学家把基因组图谱比作字典。但不论是从哪个角度去阐释，破解人类自身基因密码，以促进人类健康、预防疾病、延长寿命，其应用前景都是极其美好的。

更好的工具以及肢体更加协调。现在有证据表明，肢体更能适应外部环境促使直立人在至少 180 万年前就离开了非洲。

人类的远祖——曙猿

人是哺乳动物中灵长类的一分子。人类能够最终发展到今天所依赖的生物学特征，最初是在灵长类动物中出现的。那么，灵长类与其他的哺乳动物有什么不同呢？换句话说，灵长类为何"灵长"呢？

我们知道，绝大多数灵长类都栖息在树上。在树上生活意味着脚下没有土地可支撑，因此必须用四肢抓握树干。与此相适应，灵长类的爪子逐渐转变为每个手指都能够单独活动的手，拇指还能够与其余的手指对握。这样，不仅提高了灵长类的抓握能力，而且由于拇指和食指指尖的对握可以形成环状，从而大大提高了手掌抓握物体的准确度。这一进化特征的出现不仅对早期灵长类搜寻昆虫等食物非常有利，而且为后来灵长类可以用手灵巧地摆弄各种物体，直至最后能够制造和使用工具打下了基础。

始镜猴

与手部的灵巧活动相配合，灵长类发展了立体的视觉，使得它们能够从三维空间观察物体。这是灵长类充分掌握四周环境特质的先决条件，也是激发它们好奇心的原动力。

此外，灵长类还发展出辨认颜色的能力。

这样，灵长类能够把触觉、味觉、听觉，尤其是色觉和立体视觉感受到的各种

信息输入脑中。脑接收外界的信息与日俱增，进而能够把各种信息分类排比，最终导致了智力的发展。这样的智慧，是任何其他动物都没有的，这也就是为什么我们把这类动物叫作"灵长类"的原因。事实上，灵长类可分为两个大类，即低等灵长类和高等灵长类。

曙猿

低等灵长类起源于中生代末期。现生的原猴亚目分为 3 个次目：分布于马达加斯加岛的狐猴次目，生活在非洲以及南亚森林地区的瘦猴次目以及分布在东南亚部分岛屿上的眼镜猴次目。

高等灵长类则起源于低等灵长类。从现生的高等灵长类与现生的各种低等灵长类的形态和 DNA 结构的对比来看，高等灵长类与眼镜猴类最为接近。因此，许多科学家认为高等灵长类与眼镜猴类拥有共同的祖先，它们共同起源于一种称为始镜猴类的古老的低等灵长类。

在 20 世纪 90 年代之前，最早的高等灵长类化石发现在非洲距今大约 3900 万年前始新世末期的地层里，它们与始新世一种原始的狐猴类——北狐猴在形态上有许多相似之处。因此，另外一些科学家则认为，高等灵长类起源于狐猴类。

正当两派争论正酣的时候，我国科学家于 1994 年在江苏溧阳发现了中始新世（距今 4500

拓展阅读

中华曙猿

中华曙猿生活于始新世中期，是一类体形很小的灵长类。中华曙猿是已知的高级灵长类动物中最早的一种。它是我国古人类学家在江苏溧阳上黄镇发现的。经认定，这是包括人类在内的一切高级灵长类动物的共同祖先——中华曙猿。同时也发现，上黄就是中华曙猿的发源地。

万年左右）最早的高等灵长类中的曙猿。所谓"曙猿"，意思就是"类人猿亚目黎明时的曙光"，它是迄今人类所知道的最早的高等灵长类。不久，科学家又在山西垣曲黄河岸边发现了一对几乎完整的、带有全部牙齿的曙猿下颌骨。它被命名为世纪曙猿，通过对它的研究，科学家确信曙猿在许多形态结构上比过去所知道的所有其他高等灵长类都要原始，同时它又与古老的始镜猴类有许多相似之处。

1999 年，在缅甸中始新世晚期地层中发现了类人猿亚目曙猿科的另一个新属种——邦塘巴黑尼亚猿。

埃及法尤姆地区发现的大量化石表明，高等灵长类在距今约 3900 万年的始新世晚期就已经开始向两个亚科发生了分化，即副猿亚科和森林古猿亚科。前者有 3 个前臼齿，可能是现生猕猴超科的祖先；后者只有 2 个前臼齿，可能是人猿超科的祖先。

在随后漫长的岁月里，高等灵长类发生了许多次分化，演化出大量的分支，繁衍成一个庞大的家族。

现在的高等灵长类分为阔鼻猴类（又称新大陆猴类）和狭鼻猴类（又称旧大陆猴类）。前者分布在美洲大陆，后者则分布在欧亚和非洲大陆。

阔鼻猴类仅有一个卷尾猴超科。迄今最早的阔鼻猴类的化石是在南美洲的早渐新世地层中发现的。

狭鼻猴类有两个超科，即猕猴超科和人猿超科。猕猴超科包括疣猴科和猕猴科，其中猕猴科是现生灵长类中除了人以外最成功的类型，包括白眉猴、长尾猴、赤猴、狒狒、狮尾猴、山魈、猕猴等许多属种。人猿超科包括猿科和人科，其中现生的猿科动物有亚洲的长臂猿、猩猩和非洲的大猩猩、黑猩猩。

这就是包括人类在内的高等灵长类家族的一个家谱和概略的"发家史"，这个谱系指向的源头就是中华曙猿。换句话说，中华曙猿是包括人类在内的所有高等灵长类的远祖。

史前植物家族

　　随着地球上自然地理环境的变迁，植物界自身在不断的矛盾中运动和发展着。在一定的地质时期中占支配地位的类型，其优势在发展过程中被较为进化的另一类植物所取代，这时植物界就发生了质的变化，进入了一个新的发展阶段。一些类群的自然绝灭常伴随着新类群的形成，植物界的发展过程就是这样从低级向高级，从简单到复杂，不断地变化。

世界上现存最古老的树——刺桫椤

刺桫椤是白垩纪时期遗留下来的珍贵树种，距今3亿多年，比恐龙的出现还早1.5亿多年，是现今仅存的木本蕨类植物，极其珍贵，有"活化石"之称，属国家一级珍稀保护植物。

刺桫椤属树形蕨类植物，茎直立，高可达6米。叶螺旋状排列，聚生于茎端；叶柄棕色，具锐刺；叶片大，长矩圆形，三回羽状深裂；羽片17～20对，互生，最大的长达60厘米，基部一对缩短，羽轴有短刺；小羽片18～20对，无柄或近于无柄，披针形，长达10厘米，宽2.5厘米，深裂几达中脉；末回裂片多少镰状，有齿；孢子囊群靠近中脉着生；囊群盖球形，膜质。通常生长于山沟的潮湿坡地和溪边阳光充足的地方，常数十株或成百株构成优势群落，有时亦散生在林缘灌丛之中。桫椤株形美观别致，具观赏价值；茎干被用为栽培附生兰类的基质。

拓展阅读

我国一级保护植物桫椤

桫椤，木本蕨类植物，又称"树蕨"，既是观赏植物又是经济树种，是一种高淀粉含量的植物。植株一般高2～3米，最高达6～7米，树干直径20～30厘米。桫椤树形美观，叶如凤尾，有的独立成株，有的两三株并在一起生长，枝繁叶茂，遮天蔽日，形成十分壮美的景观。产于我国南方。

刺桫椤分布很广，中国的香港、福建、台湾、广东、广西、海南、云南、四川、西藏等省区，以及尼泊尔、不丹、印度、缅甸、泰国、越南、菲律宾和日本南部均有分布。

❥ 追忆已绝灭的裸蕨

　　裸蕨植物目前所知最早出现于志留纪晚期，到了泥盆纪时处于繁盛，是当时陆地上最具优势的陆生植物，分布世界各地。

　　最初出现的裸蕨植物既无叶也无根，在地上茎直立，比较细弱，茎呈两歧式分枝，下端有毛发状的假根，能吸收土壤里的水分和无机养料，还加强了植物体的支撑和固着。茎的中央有极其简单的维管束组织，用作输送水分和养料。枝轴的表面生有角质层和气孔，可以调节水分的蒸腾。分枝的顶端产生孢子囊。孢子外面具有坚韧的外壁，以利于孢子的传播，同时也不易受到损伤或因过度蒸发而干涸。虽然和现代的高等植物相比，这些器官显得十分简单和原始，不过裸蕨植物正是凭借这种组织器官成功克服了它们在陆地上生存中所面临的一些主要问题，并为继续衍生出越来越高等的陆生植物奠定了基础。

　　裸蕨型植物的代表为裸蕨。它的主轴比较粗壮，并常呈假单轴式的分枝，侧枝二歧式，分枝次数较多，生殖细枝末端顶生着很多成对的或小束状的孢子囊。它的主轴明显地比侧枝粗，外部形态比瑞尼蕨型复杂。裸蕨的维管束木质部和主轴的直径相比，已经粗大得多了，从木质部的结构多少可以说明它和瑞尼蕨型植物的某些渊源关系。这也就是说，裸蕨型植物发源于瑞尼蕨的原始类型。

　　从裸蕨的形态结构和由几层厚壁细胞组成的外皮层，都说明足够支撑一个相当

裸蕨植物

大的植物体了。裸蕨的孢子囊可纵向开裂以传播孢子，这是比较进步的。它是裸蕨型植物中最高级的类型。值得特别注意的是，在裸蕨型植物中，有一种叫三枝蕨的裸蕨型植物，它生存于早泥盆纪末，在它的主轴上长着螺旋状排列的侧枝，侧枝从主轴长出后，很快就发生一次相等的三叉式分

趣味点击　苔藓植物

苔藓植物广布世界各地，从极地到热带均可见，在潮湿的环境中最为繁茂，对于长期干燥和冰冻的条件均极能耐受。对人类有重要的经济价值，可用于农业、园艺业，也是能源。苔藓植物至少有 18 000 种，可分为苔纲、藓纲及角藓纲。

枝，这种三叉式的分枝每小枝向前长出不远，就又发生一次不等的三叉式分枝和两次二歧式分枝，然后在每个末级细枝顶端，生长成对的或 3 个彼此紧靠成束的孢子囊。从三枝蕨的分枝形式和顶生成束的孢子囊以及所在的地质时代，无不说明它和其他裸蕨型植物具有密切的关系。但是植物体已很粗壮，加上枝轴形态结构特别复杂，则为一般裸蕨型植物所不及，因而它很像是裸蕨植物与更高级的维管植物之间的过渡植物或中间类型，由此发展为真蕨类和前裸子植物，后者再进一步演化为各类裸子植物。

可以这样说，所有的陆生高等植物，除了苔藓植物以外，都是直接或间接起源于裸蕨植物，没有任何一种陆生维管植物能够绕过裸蕨植物而直接发源于水生藻类的。因此，裸蕨植物在植物界的系统发育中，上承生活在水中的藻类，下启陆生的蕨类和前裸子植物，是植物界系统演化中的主干。

◆ 最古老的植物——苏铁

苏铁科植物是世界上最古老的种子植物，曾与恐龙同时称霸地球，被地质学家誉为"植物活化石"。

苏铁起源于古生代的二叠纪，于中生代的三叠纪（距今 2.25 亿年）开始繁盛，到侏罗纪（距今 1.9 亿年）时进入最盛期，几乎遍布整个地球，至白垩纪（距今 1.36 亿年）时期，由于被子植物开始繁盛，才逐渐走向衰落。到第四纪（距今 250 万年）冰川来临，北方寒流南侵，苏铁科植物大量灭绝，但由于青藏高原、秦岭等的阻隔，在四川、云南等地有部分苏铁科植物幸免于难。

苔藓植物

苏铁又名凤尾蕉、避火蕉、金代、铁树等，在民间，"铁树"这一名称用得较多，一说是因其木质密度大，入水即沉，沉重如铁而得名；另一说因其生长需要大量铁元素，即使是衰败垂死的苏铁，只要用铁钉钉入其主干内，就可起死回生，重复生机，故而名之。

苏铁喜光，稍耐半阴；喜温暖，不甚耐寒；喜肥沃湿润，但也能耐干旱。生长缓慢，十余年以上的植株可开花。苏铁的株形美丽，叶片柔韧。苏铁喜微潮的土壤环境，由于它生长的速度很慢，因此一定要注意浇水量不宜过大，否则不利其根系进行正常的生理活动。从每年 3 月起至 9 月止，每周为植株追施一次稀薄液体肥料，能够有效地促进叶片生长。苏铁喜光照充足的环境，尽量保持环境通风，否则植株易生介壳虫。苏铁生长适温为 20～30℃，越冬温度不宜低于 5℃。

苏铁属常绿乔木，高可达 20 米。茎干圆柱状，不分枝，仅在生长点破坏后，才能在伤口下萌发出丛生的枝芽，呈多头状。茎部密被

苏铁

宿存的叶基和叶痕，并呈鳞片状。叶从茎顶部生出，羽状复叶，小叶线形，初生时内卷，后向上斜展，微呈"V"字形，边缘显著向下反卷，厚革质，坚硬，有光泽，先端锐尖，叶背密生锈色绒毛，基部小叶成刺状。雌雄异株，6~8月开花，雄球花圆柱形，黄色，密被黄褐色绒毛，直立于茎顶；雌球花扁球形，上部羽状分裂，其下方两侧着生有2~4个裸露的胚球。种子10月成熟，种子大，卵形而稍扁。苏铁经修剪后的植株形态成熟时红褐色或橘红色。

其实，苏铁不只是一个种，而是一个大类群，人们常称之为苏铁科植物或苏铁类植物。在植物学上，它属于种子植物门、裸子植物亚门、苏铁纲、苏铁目植物。

苏铁树干髓心含淀粉，可食用，又可作酿酒的原料，能提高出酒率；叶为羽毛状，向四周伸展，如孔雀开屏，极富观赏性，西双版纳有的少数民族采其嫩叶作蔬菜；种子大小如鸽卵，略呈扁圆形，金黄色，有光泽，少则几十粒，多则上百粒，圆环形簇生于树顶，十分美观，有人称之为"孔雀抱蛋"。

苏铁果叶形似狐尾，末端多硬刺，表面多绒毛。俗话说"铁树开花，哑巴说话""千年铁树开了花"或"铁树开花马长角"，比喻事物的漫长和艰难，甚至根本不可能出现。但实际上并非如此，尤其是在热带地区，20年以上的苏铁几乎年年都可以开"花"。花期6~8月，雄球花挺立于青绿的羽叶之中，黄褐色的"花球"内含盎然生机，外溢虎虎生气，傲

拓展阅读

铁树的地理分布

铁树属植物全世界有17种，分布于亚洲东部及东南部、大洋洲及马达加斯加等热带、亚热带地区。我国有8种，产于台湾、广东、海南、福建、广西、云南、四川等省区。如华南苏铁、海南苏铁、云南苏铁、台湾苏铁、篦齿苏铁、四川苏铁、叉叶苏铁等。

岸而庄严。雌球花浅黄色，紧贴于茎顶，如淡泊宁静的处女，安详而柔顺地接受热带、亚热带阳光的照射。

云南植物园内有 3 株巨大的铁树，一雄两雌，于 20 世纪 80 年代末从野外引种而来，是云南省迄今为止发现的最古老的铁树，树龄近千年，被广大中外游人誉为"铁树王"，堪称稀世之宝。目前，这种植物已濒临灭绝，被国家定为二级保护植物。

➡ 植物 "活化石" ——银杏

银杏最早出现于 3.45 亿年前的石炭纪，曾广泛分布于北半球的欧洲、亚洲、美洲，中生代侏罗纪银杏曾广泛分布于北半球，白垩纪晚期开始衰退。至 50 万年前，发生了第四纪冰川运动，地球突然变冷，绝大多数银杏类植物濒于绝种。在欧洲、北美和亚洲绝大部分地区灭绝，只有中国自然条件优越，才奇迹般地保存下来。所以，被科学家称为"活化石""植物界的熊猫"。野生状态的银杏残存于中国江苏徐州北部（邳州市）、山东南部临沂（郯城县）地区和浙江西部山区。浙江天目山、湖北省安陆市、大别山、神农架等地都有野生、半野生状态的银杏群落。由于个体稀少，雌雄异株，如不严格保护和促进天然更新，残存林将被取代。银杏分布大都属于人工栽培区域，主要大量栽培于中国、法国和美国南卡罗莱纳州。毫无疑问，国外的银杏都是直接或间接从中国传入的。

银杏，别名白果、公孙树、鸭脚树、蒲扇，属裸子植物。银杏为落叶乔木，5 月开花，10 月成熟，果实为橙黄色的种实核果。银杏是现存种子植物中最古老的孑遗植物，和它同门的所有其他植物都已灭绝。变种及品种有：黄叶银杏、塔状银杏、裂银杏、垂枝银杏、斑叶银杏。银杏生长较慢，寿命极长，从栽种到结果要 20 多年，40 年后才能大量结果，寿命达到千余岁。现存 3500 余年的大树仍枝叶繁茂，果实累累，是树中的老寿星。在山东日照浮

来山的定林寺内有一棵大银杏树，相传是商代种植的，距今已有3500多年的历史了。

银杏为阳性树，喜适当湿润而排水良好的深厚壤土，适于生长在水热条件比较优越的亚热带季风区。在酸性土、石灰性土中均可生长良好，而以中性或微酸性土最适宜，不耐积水之地，较能耐旱，单在过于干燥处及多石山坡或低湿之

银 杏

地生长不良。银杏一般3月下旬至4月上旬萌动展叶，4月上旬至中旬开花，9月下旬至10月上旬种子成熟，10月下旬至11月落叶。

现在，银杏在中国、日本、朝鲜、韩国、加拿大、新西兰、澳大利亚、美国、法国、俄罗斯等国家和地区均有大量分布。银杏的自然地理分布范围很广。从水平自然分布状况看，北纬30°线附近的银杏，其东西分布的距离最长。随着这一纬度的增加或减少，银杏分布的东西距离逐渐缩短。纬度愈高，银杏的分布愈趋向于东部沿海，纬度愈低，银杏的分布愈趋于西南部的高原山区。

中国的银杏资源主要分布在山东、浙江、安徽、福建、江西、河北、河南、湖北、江苏、湖南、四川、贵州、广西、广东等省区的60多个县市。从资源分布量来看，以山东、浙江、江西、安徽、广西、湖北、四川、江苏、贵州等省区最多。各省区资源分布也不均衡，主要集中在一些县或市，如江苏的新沂、大丰、邳州、吴县，山东省郯城县新村、泰安市、烟台市，湖北随州的洛阳镇、何店镇花园村，广西的灵川、兴安等。许多银杏专家考证后认为，在浙江天目山，湖北大洪山、神农架等偏僻山区发现自然繁衍的古银杏群。它们是极其珍贵的文化遗产和自然景观，对周围生态环境的改善和研究生物多样性、确保银杏遗传资源的持续利用具有重要作用。自然资源考察人员还在湖北和四川的深山谷发现银杏与水杉、珙桐等孑遗植物相伴而生。

由于银杏所在地区纬度和地貌的不同，银杏垂直分布的海拔高度也不完全一样。总的来说，银杏垂直分布的跨度比较大，在海拔数米至数十米的东部平原到海拔 3000 米左右的西南山区均发现有生长得较好的银杏古树。如江苏泰兴海拔为 5 米左右、吴县海拔约 300 米、山东郯城海拔约 40 米、四川都江堰海拔 1600 米、甘肃为 1500 米（兰州）、云南为 2000 米（昆明）、西藏为 3000 米（昌都），都有分布。但这些分布现状并不表明银杏能够分布在这样的垂直跨度内的所有地区。因为影响银杏自然分布的因素除纬度和海拔外，地形和土壤也是很重要的因子，如土壤含水量、含盐量、日照、极温等均直接限制着银杏的发展。在银杏自然分布的边缘地区，可能由于地形等因素，出现利于银杏生长的小气候，银杏仍旧可以生长得很好。同样在银杏的自然分布区范围内，由于小气候或者地形、土壤、水热条件的差异也有不适合银杏生长的地区。所以在自然分布区范围内，银杏多呈点状分布。从气候因子来看，垂直分布主要集中在年平均气温 8～20℃，绝对最低气温不低于 −20℃ 的海拔范围内，这是符合银杏的生态习性的。

中国不仅是银杏的故乡，而且也是栽培、利用和研究银杏最早、成果最丰富的国家之一。占往今来，无论是银杏栽培面积，还是银杏产量，中国均居世界首位。从现存古银杏树的树龄来看，中国商、周之间即有银杏栽植。

银杏为银杏科唯一生存的种类，是著名的活化石植物，又是珍贵的药材和干果树种。由于具有许多原始性状，对研究裸子植物系统发育、古植物区系、古地理及第四纪冰川气候有重要价值。其叶形奇特而古雅，是优美的庭园观赏树。它对烟尘和二氧化硫有特强的抵抗能力，为优良的抗污染树种。它的种子可作干果，叶、种子还可作药用。

▶ 揭秘起源于北极圈附近的水杉

水杉是一种落叶大乔木，其树干通直挺拔，枝子向侧面斜伸出去，全树

犹如一座宝塔。它的枝叶扶疏，树形秀丽，既古朴典雅，又肃穆端庄。水杉不仅是著名的观赏树木，同时也是荒山造林的良好树种，它的适应力很强，生长极为迅速，在幼龄阶段，每年可长高1米以上。

水杉高35~41.5米，胸径1.6~2.4米。树皮灰褐色或深灰色，裂成条片状脱落。小枝对生或近对生，下垂。叶交互对生，在绿色脱落的侧生小枝上排成羽状二列，线形，柔软，几乎无柄，通常长1.3~2厘米，宽1.5~2毫米，上面中脉凹下，下面沿中脉两侧有4~8条气孔线。雌雄同株，雄球花单生叶腋或苞腋，卵圆形，交互对生排成总状或圆锥花序状，雄蕊交互对生，约20枚，花药3个，花丝短，药隔显著；雌球花单生侧枝顶端，由22~28枚交互对生的苞鳞和珠鳞所组成，各有5~9胚珠。球果下垂，当年成熟，果蓝色，可食用，近球形或长圆状球形，微具四棱，长1.8~2.5厘米；种鳞极薄，透明；苞鳞木质，盾形，背面横菱形，有一横槽，熟时深褐色；种子倒卵形，扁平，周围有窄翅，先端有凹缺。每年2月开花，果实11月成熟。

水杉喜光，喜湿润，生长快，播种插条均能繁殖，是园林绿化的理想树种。其木质轻软，可供建筑、制器具及造模型用。

据古植物学家的研究，水杉是一种古老的植物。远在1亿多年前的中生代白垩纪时期，水杉的祖先就已经诞生于北极圈附近了。当时地球上气候非常温暖，北极也不像现在那样全部覆盖着冰层，以后，大约在新生代的中期，由于气候、地质的变迁，水杉逐渐向南迁移，分布到了欧、亚、北美三洲。根据已发现的化石来看，几乎遍布整个北半球，可说是繁盛一时。

到了新生代的第四纪，地球上发生了冰川，水杉抵抗不住冰川的袭击，从此绝灭无存，只剩下了化石上的遗迹。可是实际上它并不是真正的全军覆没。当世界其他国家的水杉被冰川消灭时，中国却有少数水杉躲过了这场浩劫。其原因是，第四纪时，中国虽然也广泛分布着冰川，但中国的冰川不像欧美那样成为整块的巨冰，而是零星分散的"山地冰川"。这种"山地冰川"从高山奔流直下，盖住了附近一带，却留下了不少无冰之处，一部分植物就可以在这样的"避难所"中继续生存。我国有少数水杉就是这样躲在四川、湖北交界一带的山沟里活了下来，成为旷世的奇珍。

这些幸存的"活化石"像隐士那样，在山沟里默默无闻地生活了几千万年，直到公元20世纪40年代才被人类发现。

1943年，植物学家王战教授在四川万县磨刀溪路旁发现了3棵从未见到过的奇异树木，其中最大的一棵高达33米，胸围2米。当时谁也不认识它，甚至不知道它应该属于哪一属？哪一科？一直到1946年，由我国著

广角镜

水杉是我国一级保护植物

水杉，杉科落叶大乔木，它是一种树叶扶疏、姿态秀美而古雅的树木，世界上除我国极少部分地区存活以外，别国很早就已经绝种了，为我国珍贵的孑遗树种之一，被世界生物界誉为活化石。野生水杉分布于四川万县，湖北利川，湖南龙山、桑植一带，树史可追溯至白垩纪。

名植物分类学家胡先骕和树木学家郑万钧共同研究，才证实它就是亿万年前在地球大陆生存过的水杉。从此，植物分类学中就单独添进了一个水杉属、水杉种。

自从在我国发现仍然生存的水杉以后，曾引起世界的震动，水杉被誉为植物界的"活化石"！目前已有50多个国家先后从我国引种栽培，几乎遍及全球！我国从辽宁到广东的广大范围内，以及贵州省道真县都有它的踪迹。

◆ 晚白垩世的冷杉

冷杉属植物出现于晚白垩世，至第三纪中新世及第四纪种类增多，分布区扩大，经冰期与间冰期保留下来，繁衍至今。在秦岭以南及东南的平原和西南低山地区的晚更新世沉积物中发现了冷杉花粉。

松科冷杉属树种，常绿乔木，其树干端直，枝叶茂密，可做园林树种。中国是冷杉属植物最多的国家，约22种，分布于兴安岭、长白山、燕山、五

拓展阅读

松杉目

松杉目是裸子植物门、松杉纲的一目，是裸子植物门中最大的一个目。全世界共分有4科，44属，400余种。我国共有3科，23属，125种，34变种。包括南洋杉科、松科、杉科、柏科。

台山、秦岭、大巴山、横断山、喜马拉雅山、阿尔泰山、台湾中部山地、浙江南部的百山祖、湘桂交界的越城岭、湘赣交接的万泽山及贵州东北部的梵净山。冷杉垂直分布由东北向西南逐渐升高，绝大多数冷杉较松科其他属植物分布为高。冷杉具有较强的耐阴性，适应温凉和寒冷的气候，土壤以山地棕壤、暗棕壤为主。常在高纬度地区至低纬度的亚高山至高山地带的阴坡、半阴坡及谷地形成纯林，或与性喜冷湿的云杉、落叶松、铁杉和某些松树及阔叶树组成针叶混交林或针阔混交林。冷杉的树皮、枝皮含树脂，加拿大树脂是制切片和精密仪器最好的胶接剂。中国产冷杉也可提取相似的胶接剂。冷杉的木材色浅，心边材区别不明显，无正常树脂道，材质轻柔、结构细致，无气味，易加工，不耐腐，为制造纸浆及一切木纤维产品的优良原料，可作一般建筑枕木（需防腐处理）、器具、家具及胶合板，板材宜作箱盒、水果箱等。